JIXIELIAOFU LITI JIHE

基谢廖夫立体几何

[苏] 基谢廖夫 著　　程晓亮　徐宝　郑晨 译

内 容 简 介

本书介绍了平面几何的相关知识及问题，共分 4 章，主要包括直线和平面、多面体、旋转体、向量与几何基础等相关内容，同时收录了相应的习题. 本书按照知识点分类，希望通过对习题的实践训练，可以强化学生对平面几何基础知识的掌握，激发读者的兴趣，启迪思维，提高解题能力.

本书适合中学师生、数学相关专业学生及几何爱好者参考使用.

图书在版编目(CIP)数据

基谢廖夫立体几何/(苏)基谢廖夫著；程晓亮，徐宝，郑晨译. —哈尔滨：哈尔滨工业大学出版社，2023.4

ISBN 978 - 7 - 5767 - 0686 - 4

Ⅰ. ①基… Ⅱ. ①基… ②程… ③徐… ④郑… Ⅲ. ①立体几何－基本知识 Ⅳ. ①O123.2

中国国家版本馆 CIP 数据核字(2023)第 042004 号

JIXIE LIAOFU LITI JIHE

策划编辑 刘培杰 张永芹
责任编辑 张永芹 宋 淼
封面设计 孙茵艾
出版发行 哈尔滨工业大学出版社
社 址 哈尔滨市南岗区复华四道街 10 号 邮编 150006
传 真 0451 - 86414749
网 址 http://hitpress.hit.edu.cn
印 刷 黑龙江艺德印刷有限责任公司
开 本 787 mm×1 092 mm 1/16 印张 11.5 字数 163 千字
版 次 2023 年 4 月第 1 版 2023 年 4 月第 1 次印刷
书 号 ISBN 978 - 7 - 5767 - 0686 - 4
定 价 48.00 元

目　录

第1章　直线和平面

第1节　画　平　面

§1　平面的表示

在立体几何中,所讨论的是空间中的图形,即图形中的所有点并不在同一平面内.

空间中的几何图形可以按照一定的规则画在一个平面上,即类似地得到它的平面示意图.

我们周围的许多真实物体的表面都类似于几何图形,比如书的封面、玻璃窗、桌子的表面等都像一个长方形.从一定的角度和距离看这些物体的表面时,它们更像平行四边形.因此,我们习惯上把一个平面的示意图画为平行四边形.平面通常用一个字母表示,例如"平面 M"(图 1.1.1).

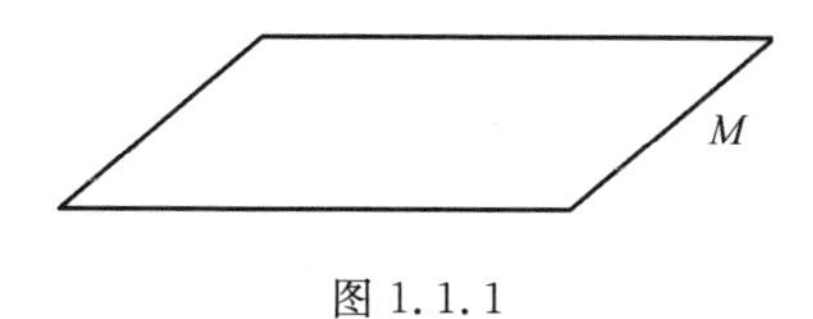

图 1.1.1

§2　平面的基本性质

首先列出平面的以下性质,这些性质是被直接承认的,无须证明,被认为是公理.

(1)如果一条直线上的两点在同一个平面内,那么这条直线上的每个点都在该平面内.

(2)如果两个平面有一个公共点,那么它们相交于过该点的一条直线.

(3)过不在同一直线上的三个点,可以画一个平面,并且这个平面是唯一的.

§3 推论

(1)通过一条直线和该直线外的一点,可以画出一个平面,并且这个平面是唯一的.实际上,这一点与直线上的任意两点一起构成不在同一直线上的三个点,因此可以通过这三个点画出一个平面,并且这样的平面是唯一的.

(2)通过两条相交的直线,可以画出一个平面,并且这样的平面是唯一的.实际上,两条相交直线相交于一个公共点,再在每条直线上各取一个点,这样我们就可以得到三个点,由此可以画出一个平面,并且这样的平面是唯一的.

(3)通过两条平行线,只能画出一个平面.实际上,根据定义,平行线位于同一平面内,并且这个平面是唯一的.因为通过一条直线和另一条直线上的任一点,最多只能画出一个平面.

§4 平面绕直线旋转

通过空间中的任意一条直线,都可以画出无限多个平面.实际上,记 a 为一条给定直线(图 1.1.2).经过直线 a 和其外的任意一点 A,可以画出唯一的一个平面,记为平面 M.

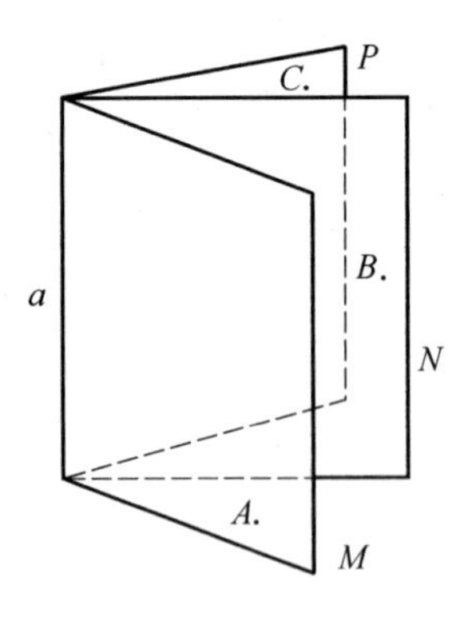

图 1.1.2

在平面 M 外取一个新的点 B,过直线 a 和点 B 可以画出唯一的一个平面,记为平面 N.它与平面 M 不重合,因为它包含不在平面 M 内的点 B.此外,我们还可以在空间中取一个在平面 M 和 N 之外的另一个点 C,过直线 a 和点 C,

可以确定一个新的平面，记为平面 P. 它与平面 M 和平面 N 都不重合，因为它包含既不在平面 M 内也不在平面 N 内的点 C. 通过在空间中取越来越多的点，我们将得到越来越多的过给定的直线 a 的平面. 这样的平面有无穷多个，这些平面都可以被认为是同一个平面绕直线 a 旋转到不同位置所得到的.

因此，可以得到平面的另一个性质：平面可以绕着这个平面上的任一条直线旋转.

练　　习

1. 解释放在水平地面上的三条腿的凳子总是稳定的，而很多四条腿的凳子却不稳定的原因.

2. 利用§2 中的公理，证明§3 推论中(1)所描述的平面确实包含给定的直线和给定的点. 同样，完成§3 推论中(2)和(3)的证明.

3. 证明：通过空间中的任意两点，可以画出无穷多个平面.

4. 证明：如果通过给定的三个点可以画出两个平面，那么通过这三点可以画出无穷多个平面.

5. 证明：空间中有多条直线两两相交，那么它们或者在同一平面上，或者过同一点.

第 2 节　平行线与平面

§5　异面直线

空间中两条直线也可以不在同一个平面内. 如图 1.2.1 所示的直线 AB 和 DE，其中 AB 在平面 P 内，DE 与该平面交于点 C，并且点 C 不在直线 AB 上. 因此这两条直线不能在同一平面内，否则将会有两个经过直线 AB 和点 C 的平面，其中一个是平面 P，它与直线 DE 相交，而另一个平面又包含直线 DE，这是不可能的(§3).

当然，两条不在同一平面内的直线，无论延长多远，它们都不会相交. 但也不能称它们为平行线，因为平行线是指在同一平面内无论怎么延长都不相交的直线.

不在同一平面内的两条直线称为异面直线.

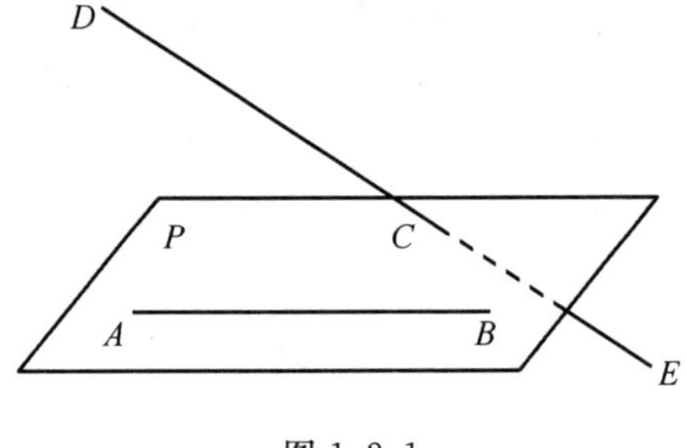

图 1.2.1

§6　直线与平面平行

如果一个平面和不在这个平面内的一条直线无论怎么延伸都不相交,那么就称这条直线与这个平面互相平行.

§7　定理

如果直线 AB(图 1.2.2)不在平面 P 内,并且与平面 P 内的一条直线 CD 平行,那么直线 AB 平行于平面 P.

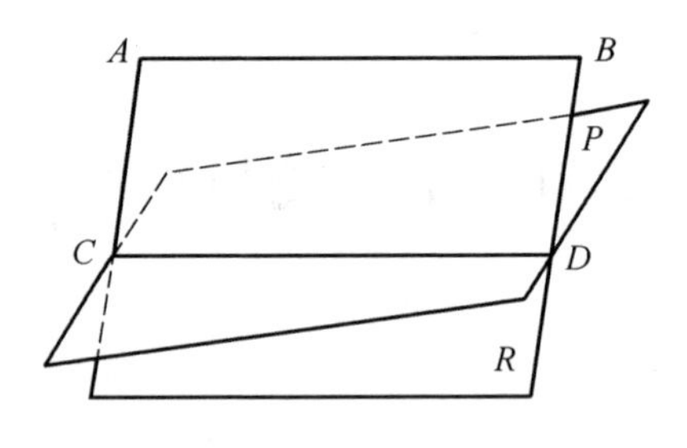

图 1.2.2

通过直线 AB 和直线 CD 作一个平面 R,并假设直线 AB 与平面 P 相交,那么这个交点一定在包含这条直线的平面 R 上,当然,它同时也在平面 P 上,即这个交点一定在平面 R 和平面 P 的交线 CD 上. 这是不可能的,因为已知 AB 平行 CD. 因此,直线 AB 与平面 P 相交的假设是错误的,所以 $AB /\!/$ 平面 P.

§8　定理

如果直线 AB(图 1.2.2)与平面 P 平行，那么直线 AB 平行于包含它的任意平面 R 与平面 P 的交线 CD.

实际上，首先，直线 AB 和直线 CD 位于同一平面内；其次，它们不能相交，否则直线 AB 与平面 P 相交，这是不可能的.

§9　推论

如果一条直线 AB(图 1.2.3)与两个相交的平面(平面 P 和平面 Q)平行，那么它与这两个平面的交线 CD 平行.

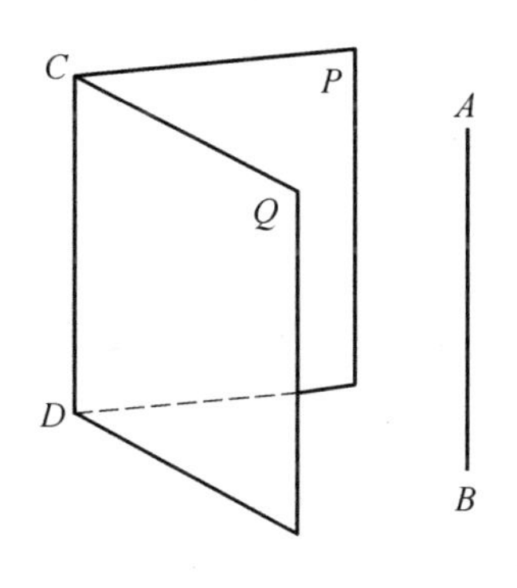

图 1.2.3

过直线 AB 和直线 CD 上的任意一点 C 作一个平面. 该平面一定沿着与 AB 平行的直线与平面 P 和 Q 都相交，并且过点 C. 根据平行假设，即过直线外给定的一点，只能有一条直线与已知直线平行. 因此，这两条相交线一定是同一条直线. 它既在平面 P 上也在平面 Q 上，因此这条直线一定与两个平面的交线 CD 重合，所以 $CD /\!/ AB$.

§10　推论

如果两条线直线 AB 与 CD 都与第三条直线 EF 平行(图 1.2.4)，那么这两条直线互相平行.

如果这三条直线位于同一平面上，那么所需的结论由平行假设即可得出. 因此假设这三条直线不在同一平面内. 过直线 EF 和点 A 作平面 M，过直线

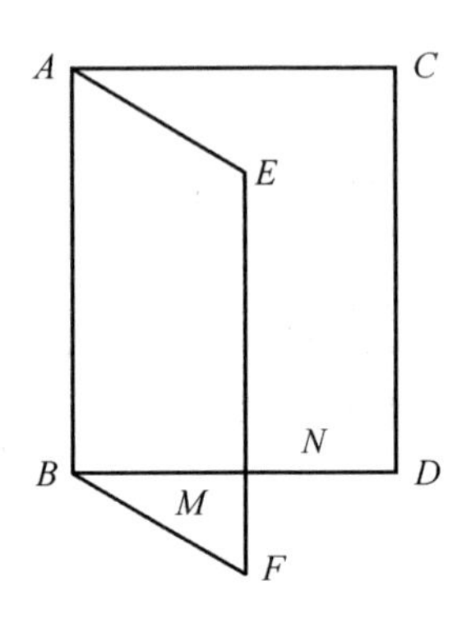

图 1.2.4

CD 和点 A 作平面 N,因为直线 CD 与直线 EF 平行,所以它们都平行于这两个平面的交线(§8).由于过点 A 只有一条直线平行于直线 EF,所以平面 M 和平面 N 的交线是直线 AB.因此,$CD /\!/ AB$.

§11 平行平面

如果两个平面无论延伸多远都不会相交,那么称这两个平面互相平行.

§12 定理

如果平面 P 内的两条相交直线 AB 和 AC(图 1.2.5)分别平行于另一个平面 P'内的两条相交直线 $A'B'$和 $A'C'$,那么这两个平面互相平行.直线 AB 和 AC 平行于平面 P'.

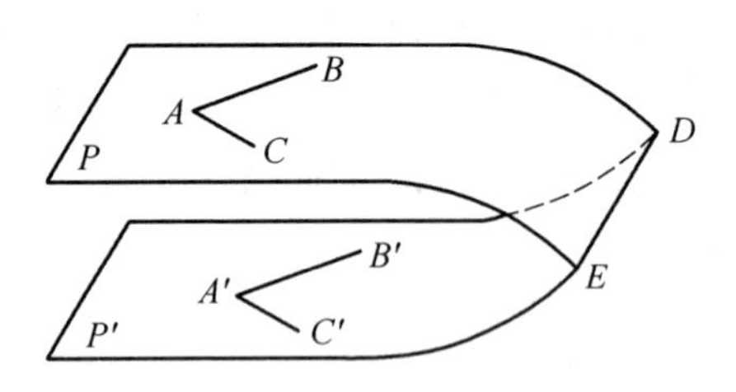

图 1.2.5

假设平面 P 和 P'相交于直线 DE(图 1.2.5),那么 $AB /\!/ DE$,并且 $AC /\!/ DE$(§8).

因此,平面 P 内过点 A 的两条相交直线 AB 和 AC 都平行于该平面内的

直线 DE,这是不可能的.因此平面 P 和 P' 平行.

§13 定理

如果两个平行平面 P 和 Q(图 1.2.6)都与第三个平面 R 相交,那么其两条交线 AB 和 CD 互相平行.

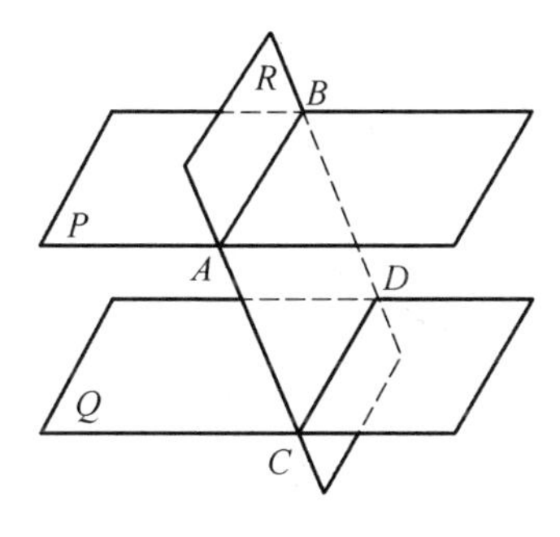

图 1.2.6

首先,直线 AB 和直线 CD 位于同一平面 R 内.其次,它们不能相交,若不然,平面 P 和平面 Q 就会相交,从而与前提相矛盾.

§14 定理

两条平行线被两个平行平面 P 和 Q 所截得的线段 AC 和 BD(图 1.2.7)相等.

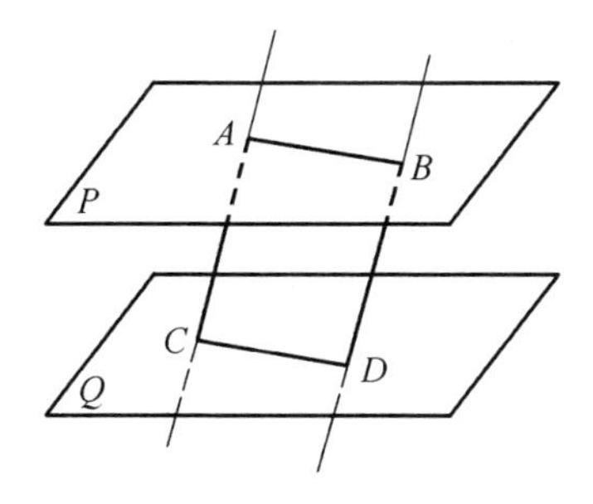

图 1.2.7

作通过平行直线 AC 和 BD 的平面,它沿平行线 AB 和 CD 分别与平面 P 和 Q 相交.因此四边形 $ABCD$ 是平行四边形,所以 $AC=BD$.

§15 定理

如果两个角$\angle BAC$和$\angle B'A'C'$(图 1.2.8)的两边分别平行且方向相同，那么这两个角相等并且或者分别在互相平行的两个平面(P 和 P')内,或者在同一个平面内.

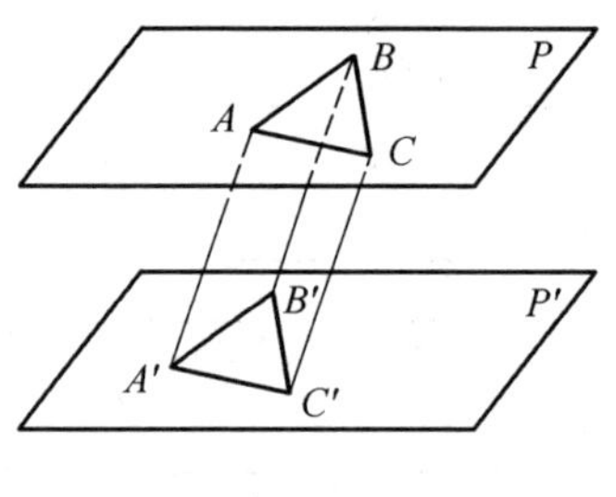

图 1.2.8

当同一平面内两个角的两边分别平行且方向相同时,这两个角相等,这早已在平面几何中得到证明.现在假设平面 P 和 P'不重合,那么它们是平行的,见§12.

为了证明所讨论的角是相等的,在它们的边上任取相等的线段 $AB=A'B'$ 和 $AC=A'C'$,然后作直线 AA',BB',CC',BC 和 $B'C'$.由于线段 AB 和 $A'B'$平行(方向相同)且相等,所以四边形 $ABB'A'$是一个平行四边形.因此 AA'与 BB'平行且相等.同理,AA'与 CC'平行且相等.因此 $BB' /\!/ CC'$且 $BB'=CC'$,即四边形 $BCC'B'$是一个平行四边形,因此 $BC=B'C'$,所以两个三角形$\triangle ABC$ 与 $\triangle A'B'C'$全等(根据 SSS 判别法).于是$\angle BAC=\angle B'A'C'$.

§16 问题

通过异面直线 a 和 b 外的定点 M(图 1.2.9),能作与这两条异面直线都相交的直线.

解 所求的直线一定过点 M 且与直线 a 相交,因此它一定位于过点 M 和直线 a 的平面 P 内(因为该直线有两个点在这个平面内:一个是点 M,另一个是它与直线 a 的交点).同样,所求的直线一定在过点 M 和直线 b 的平面 Q 内.因此,这条直线与平面 P 和 Q 的交线 c 重合.如果这条交线与直线 a 和 b 都不平行,那么它与这两条直线中的每一条都相交(因为它与它们中的任意一条都

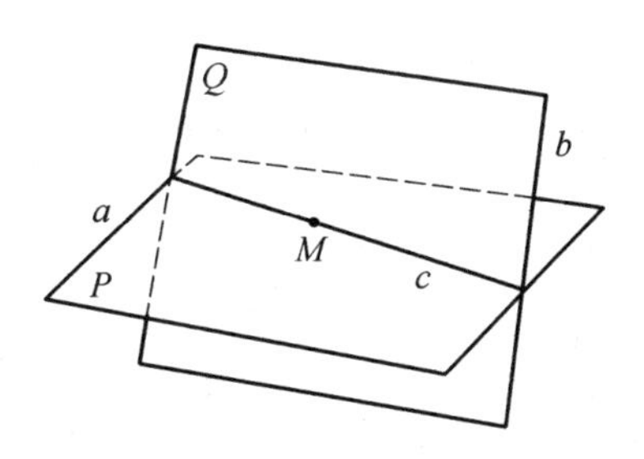

图 1.2.9

在同一平面内：直线 a 和 c 在平面 P 内，并且 c 在平面 Q 内）. 于是直线 c 与 a 和 b 相交，并且过点 M，因此该问题得到解决. 但是，如果所作的直线 $c /\!/ a$（图 1.2.10）或 $c /\!/ b$，那么这个问题无解.

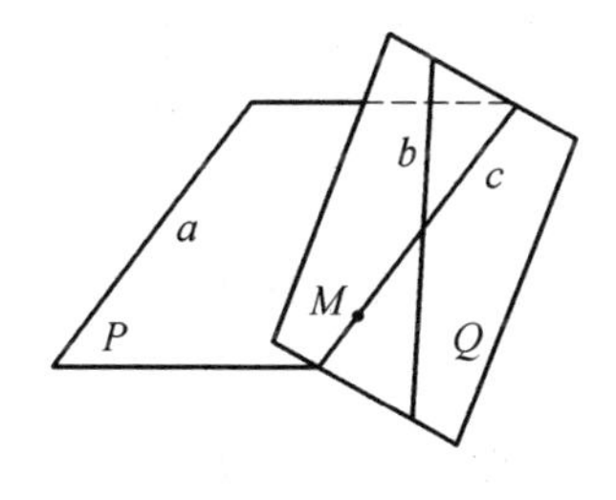

图 1.2.10

§17　注

上述作图问题与用直尺和圆规作平面图形有许多相似之处. 在空间作图中，作图工具显得无能为力了. 因此，在立体几何中，我们并不系统地介绍作图问题，作出满足某些要求的几何图形可以用上述解法中的方式来理解. 也就是说，所求的图形是存在且唯一的，我们就可以把它作出来（或者更一般地，有多种情况存在，解的数量要根据所给条件确定）.

§18　问题

过给定平面 P 外的某个定点 A（图 1.2.11），可以找到一个与给定平面平行的平面.

解　在平面 P 内作任意一对相交线 BC 和 BD. 作两个辅助平面：过点 A 和直线 BC 的平面 M 和过点 A 和直线 BD 的平面 N. 每个平行于平面 P 并过

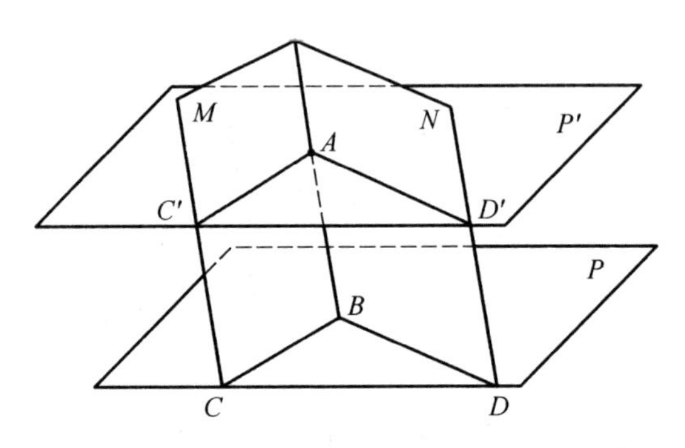

图 1.2.11

点 A 的平面一定沿着与直线 BC 平行的方向与平面 M 交于直线 AC'，沿着与直线 BD 平行的方向与平面 N 交于直线 AD'（§13）. 存在唯一一个包含直线 AC'和 AD'的平面 P'，并且这个平面与平面 P 平行（§12）. 因此，所求的这个平面存在且唯一.

10 **推论** 过给定平面外的任意一点，都有唯一一个与给定平面平行的平面.

练　　习

1. 证明：通过空间中不在给定直线上的任意一点，都存在唯一一条与给定直线平行的直线.

2. 用平行假设证明：在一个平面内，平行于第三条直线的两条直线互相平行.

3. 证明：平行于第三个平面的两个平面互相平行.

4. 证明：平行于给定平面并过同一点的直线都在平行于该平面的同一平面上.

5. 证明：分别位于两个相交平面内的两条平行线都与这两个平面的交线平行.

6. 如果两个平面中的第一个平面包含两条分别与第二个平面中的两条直线平行的直线，那么这两个平面相交吗？

7. 证明：如果一条直线 a 与平面 M 平行，那么任意一条平行于 a 且过 M 中的点的直线都在 M 内.

8. 证明:对每一对相交直线 a 和 b,都有唯一的一对平面:其中一个过直线 a 且平行于直线 b,另一个过直线 b 且平行于直线 a,并且这两个平面互相平行.

9. 给定一对异面直线 a 和 b,作出点 M 的几何轨迹,其中 M 不在任何与 a,b 都相交的直线上.

10. 作出过一个定点且平行于两条已知直线的平面.

11. 作出一条与两条给定的直线相交并与第三条平行的直线.

12. 作出联结定点与一已知平面上的点的线段的中点的几何轨迹.

13. 对两条异面直线 AB 和 CD,证明:线段 AC,AD,BC 和 BD 的中点是平行四边形的顶点,其所在平面与 AB 和 CD 平行.

14. 计算过不在同一平面的三角形 ABC,ACD 和 ADE 的重心的平面分别截得边 AB,AC 和 AD 的比.

第3节 垂线与斜线

§19 与平面内的直线垂直的直线

为了理解哪些直线能垂直于给定的平面,先证明如下命题.

定理 如果与给定平面(M)相交的定直线(AO,图1.3.1)垂直于平该面内通过它们交点(O)的两条直线(OB 和 OC),那么该直线垂直于该平面内过这一交点的任意一条直线(OD).

延长线段 AO,取与 AO 相等的线段 OA'. 在平面 M 内,从点 O 出发作过点 B,D 和 C 的三条直线相交. 并将这些点与 A,A' 相联结,我们现在依次考查所得的这些三角形.

首先,考虑三角形 ABC 和三角形 $A'BC$,它们是全等的,因为 BC 是它们的公共边,又 $BA=BA'$,这是因为它们都是直线 AA' 的斜线,且 A 与 A' 到垂线 BO 的垂足 O 的距离也相等,同理,$CA=CA'$. 根据这两个三角形全等,有 $\angle ABC=\angle A'BC$.

接下来,考虑三角形 ADB 和三角形 $A'DB$,它们是全等的,因为 BD 是它们的公共边,$BA=BA'$ 且 $\angle ABD=\angle A'BD$. 根据这两个三角形全等,有 $DA=DA'$.

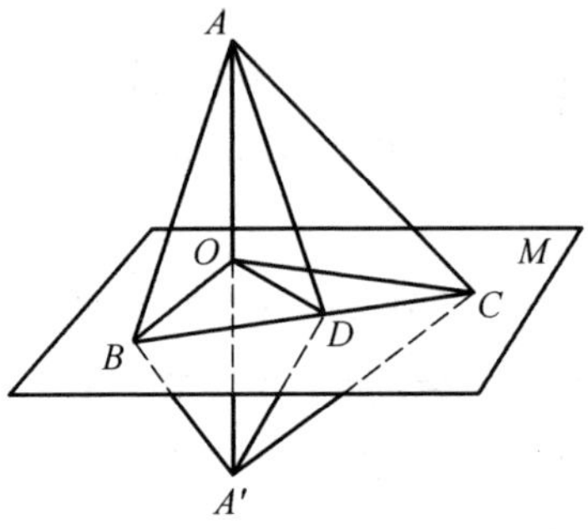

图 1.3.1

最后,考虑三角形 ADA',它是等腰三角形,因此它的中线 DO 与底边 AA' 垂直.

§20 定义

如果一条直线与平面相交并成直角,那么我们称这条直线垂直于这个平面.并且这条直线和平面内的任意一条直线都垂直,因此我们也称平面垂直于这条直线.

前面的定理表明,当一条直线垂直于平面内的两条相交直线并通过其交点时,它就垂直于这个平面.

与平面相交但不垂直的直线,称为斜线.直线与平面的交点称为垂足或者斜足.

§21 定理

通过定直线(AB)上的一点 A(图 1.3.2),可以作出唯一一个与已知直线垂直的平面.

过直线 AB 作任意两个平面 M 和 N,在这两个平面内过点 A 作垂直于 AB 的直线:AC 在平面 M 内,AD 在平面 N 内.过直线 AC 和 AD 的平面 P 与 AB 垂直.反之,过点 A 垂直于 AB 的每一个平面都一定沿与 AB 垂直的直线与平面 M 和 N 相交,即分别沿 AC 和 AD 与平面 M 和 N 相交.因此,过点 A 与 AB 垂直的每一个平面都与平面 P 重合.

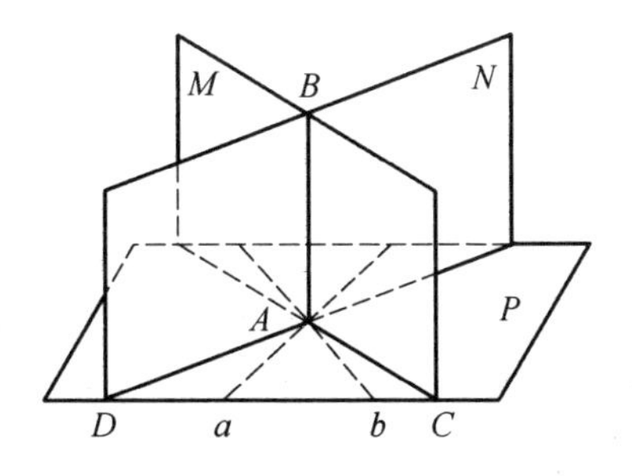

图 1.3.2

§22　推论

通过定点 A 且垂直于定直线 AB(图 1.3.2)的所有直线都在同一平面内，即平面 P 在定点 A 处垂直于定直线 AB.

实际上，过点 A 且垂直于 AB 的任意两条直线所在的平面在 A 处与 AB 垂直，因此这一平面与 P 重合.

§23　推论

过已知直线 AB 外的任一点 C(图 1.3.2)，都可以作出与该直线垂直的平面，这样的平面是唯一的.

过点 C 和直线 AB 作一辅助平面 M，然后在平面 M 内作直线 CA 垂直于 AB，每一个垂直于直线 AB 且过点 C 的平面一定沿着一条垂直于 AB 的线，即直线 CA 与平面 M 相交. 因此，这样的平面一定与过点 A 且垂直于直线 AB 的平面 P 重合.

§24　推论

过给定平面 P 内的任意一点 A(图 1.3.2)，都可以作出其唯一一条垂线 AB.

在平面 P 内，过点 A 作任意两条直线 a 和 b，过点 A 与平面 P 垂直的直线都垂直于 a 和 b，因此它在垂直 a 于点 A 的平面 M 内，也在垂直 b 于点 A 的平面 N 内. 所以，它与平面 M 和 N 的交线 AB 重合.

§25 垂线和斜线

为了简洁起见,“垂线”和“斜线”通常指的是垂足与定点之间的垂线段及斜足与定点之间的斜线段.

过平面 P 外一点 A(图 1.3.3)作该平面的垂线 AB 和斜线 AC,联结垂足与斜足的线段 BC 称为这条斜线到平面 P 的投影,因此线段 BC 是斜线 AC 的投影,线段 BD 是斜线 AD 的投影,等等.

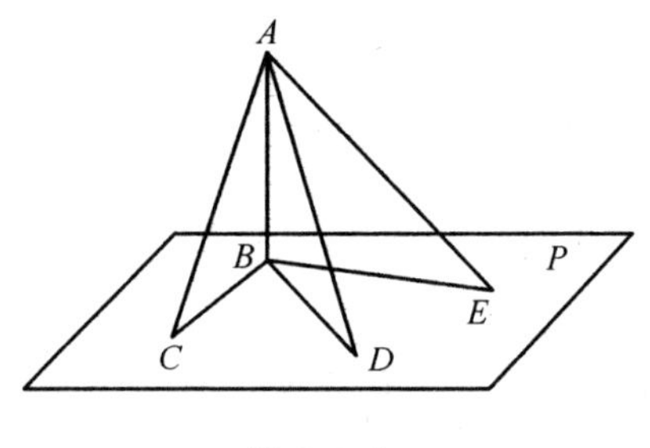

图 1.3.3

§26 定理

过平面 P 外一点 A(图 1.3.3),作平面 P 的垂线 AB 及斜线(AC,AD,AE,…),那么:

(1)投影相等的斜线一定相等;

(2)投影越大的斜线越长.

事实上,将直角三角形 ABC 和直角三角形 ABD 绕直角边 AB 旋转,我们可以将它们所在平面与直角三角形 ABE 所在平面重合.那么垂线 AB 的所有斜线都会位于同一平面内,所有的投影都落在同一条直线上.在此基础上,可以由平面几何知识得到该定理的结论成立.

注 每条斜线 AC,AD,AE 都是以 AB 为直角边的直角三角形的斜边,因此斜边大于垂线段 AB.我们的结论是垂线段(见§35)是平面外这一点联结平面内任何点的所有线段中最短的.因此,用垂线段的长度来表示点到平面的距离.

§27　逆定理

如果过给定平面外一点画出一条垂线和一些斜线，那么：

(1)相等的斜线段的投影相等；

(2)斜线段越大投影越大.

我们把证明留给读者.

§28　三垂线定理

下面的定理将在以后的证明中非常重要.

定理　如果平面 P 内一条直线 DE 过斜线 AC 的斜足且垂直于 AC 的投影 BC(图 1.3.4)，那么 DE 与斜线 AC 垂直.

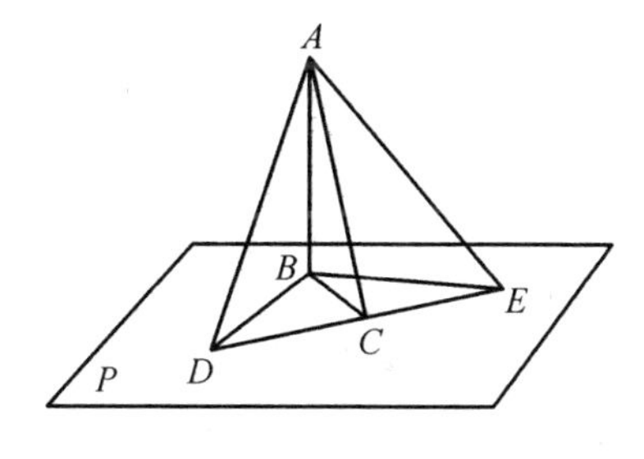

图 1.3.4

在 DE 上，任取相等的线段 CD 和 CE，并联结点 A,B,D 和 E. 那么我们有：$BD=BE$(因为点 B 在平面 P 内的线段 DE 的垂直平分线 BC 上)，因此 $AD=AE$(因为它们是平面 P 的斜线且其投影 BD 和 BE 相等). 因此，三角形 DAE 是等腰三角形，所以它的中线 AC 与底边 DE 垂直.

这个命题通常被称为三垂线定理，因为它把下列三对垂直关系联系在一起：$AB\perp$平面 P，$BC\perp DE$，$AC\perp DE$.

§29　逆定理

如果给定平面 P 的一条斜线 AC(图 1.3.4)垂直于该平面内过斜足的直线 DE，那么直线 DE 垂直于斜线 AC 的投影 BC.

重复在直接定理证明中所作的构造，即在直线 DE 上任取两条相等的线段 CD 和 DE，并将点 A,B,D 和 E 联结起来. 从而有：$AD=AE$(因为点 A 位于三

角形 ADE 内的线段 DE 的垂直平分线上)，因此 $BD=BE$(作为相等斜线 AD 和 AE 的投影). 因此三角形 DBE 是等腰三角形，所以它的中线 BC 垂直于底边 DE.

§30 平面的平行线与垂线之间的关系

直线与平面平行的性质和直线与平面垂直的性质是相互依赖的. 也就是说，如果给定图形中的某些直线与直线或直线与面是平行的，可以得出它们中的某些是垂直的，反之，如果某些直线与直线或直线与面是垂直的，那么可证明其他是平行的. 从而我们可以将直线与平面平行和直线与平面垂直的关系表述为如下定理.

§31 定理

如果一个平面 P(图 1.3.5)垂直于给定的两条平行线中的一条(AB)，那么它也垂直于另一条(CD).

在平面 P 内，过点 B 作出任意两条直线 BE 和 BF，并过点 D 作两条直线 DG 和 DH 分别平行于 BE 和 BF. 从而有：$\angle ABE=\angle CDG$ 和 $\angle ABF=\angle CDH$，因为它们的边分别平行. 而 $\angle ABE$ 和 $\angle ABF$ 是直角(由于 AB 垂直于平面 P)，因此 $\angle CDG$ 和 $\angle CDH$ 也是直角. 于是 CD 垂直于平面 P(§20).

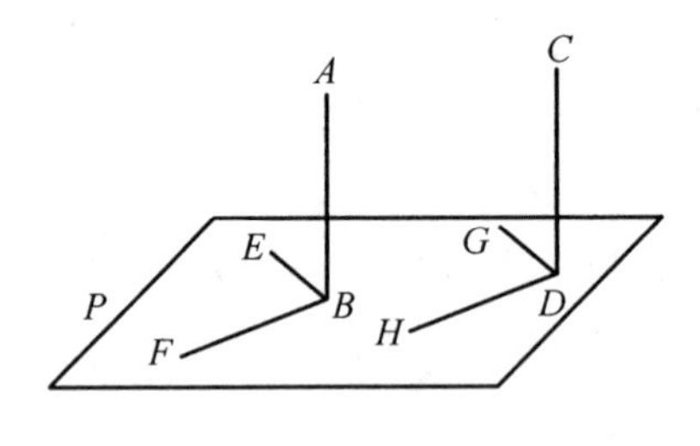

图 1.3.5

§32 逆定理

如果两条直线(AB 和 CD，图 1.3.6)垂直于同一平面(P)，那么它们互相平行.

若不然，即直线 AB 和 CD 不平行. 过点 D 作平行于 AB 的直线 DC'；在我们的假设下，它将不同于直线 DC. 由定理知，有 DC' 垂直于平面 P，又已知 DC 垂直于平面 P，因此，过同一点 D 有两条直线垂直于平面 P，但是 §24 表明这是不可能的. 因此，我们的假设是错误的，所以直线 AB 和 CD 是平行的.

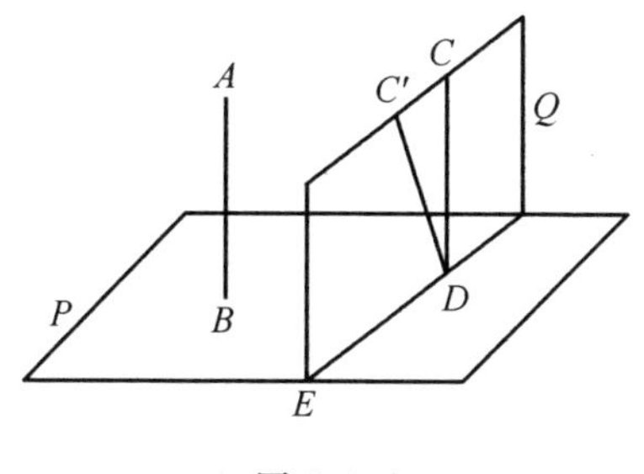

图 1.3.6

§33　定理

如果直线 AA'（图 1.3.7）垂直于两个给定的平行平面 P 和 P' 中的一个，那么它也垂直于另一个.

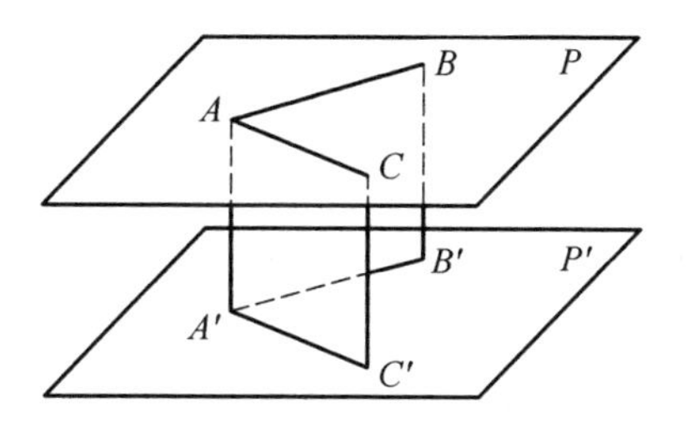

图 1.3.7

过直线 AA'，任意作两个平面，它们中的一个沿平行线 AB 和 $A'B'$ 与平面 P 相交，另一个沿平行线 AC 和 AC' 与平面 P 相交. 由于直线 AA' 垂直于平面 P，从而垂直于直线 AB 和 AC，因此它也垂直于这两条直线的平行线 $A'B'$ 和 AC'. 于是 AA' 垂直于经过直线 $A'B'$ 和 AC' 的平面 P'.

§34　逆定理

如果两个给定平面（P 和 Q，图 1.3.8）垂直于同一条直线 AB，那么它们互相平行.

若不然，也就是说，如果平面 P 和 Q 相交，那么将有两个平面过一个交点，

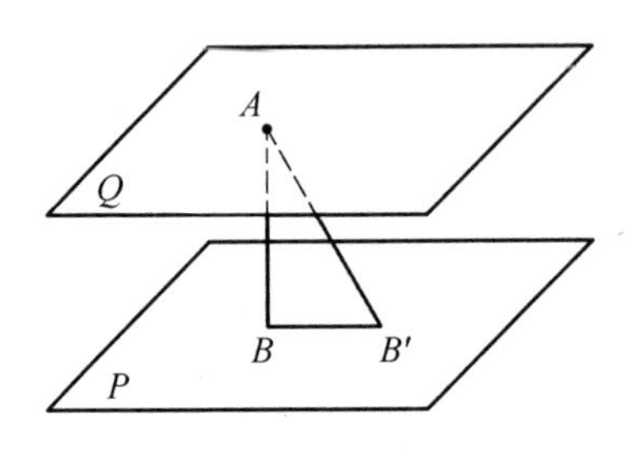

图 1.3.8

且垂直于同一条直线，这是不可能的(§23).

§35 推论

给定平面 P 外一定点 A(图 1.3.8)，可以作唯一一条垂线 AB.

过给定点 A 作平行于平面 P(§18)的平面 Q，并从点 A 作直线 AB 垂直于平面 Q(§24). 根据§33，直线 AB 垂直于平面 P. 唯一性是显然的. 若不然，也就是说，如果从点 A 到平面 P 作另一条垂线 AB'(图 1.3.8)，我们将得到有两个直角$\angle ABB'$和$\angle AB'B$ 的三角形 ABB'，这是不可能的.

注 结合这一推论与§21，§23 和§24 的结果，我们可以得到：通过一个点(在给定平面内或平面外)，有唯一一条直线与该平面垂直，并且过一个点(在给定直线上或直线外)，有唯一一个平面与该直线垂直.

练　习

1. 证明：空间中存在过一条定直线外一个定点且垂直于该直线的平面.

2. 证明：空间中存在无限多条过定点且与定直线垂直的直线.

3. 证明：平行于给定平面的直线上的所有点与该平面的距离相等.

4. 证明：两个平行平面中的一个平面内的所有点到另一个平面的距离相等.

5. 证明：如果一个平面和平面外一条直线都垂直于同一条直线，那么它们相互平行.

6. 证明：如果平行于平面 P 的直线 a 和垂直于平面 P 的直线 b 相交，那么 a 与 b 垂直.

7. 作一条与两条给定斜线垂直的直线.

8. 证明:如果点 A 与点 B,C,D 的距离相等,那么点 A 在平面 BCD 上的投影是三角形 BCD 的外接圆圆心.

9. 过(a)两个给定的点,(b)三个给定的非共线点,分别画出与它们等距离的点的几何轨迹.

第4节　二面角与其他角

§36　二面角

一个平面被其内的一条直线划分为两部分,称它们为半平面,这条直线被称为每一个半平面的棱.由具有公共棱(AB)的两个半平面(P 和 Q,图 1.4.1)形成的空间图形称为二面角.直线 AB 称为棱,两个半平面 P 和 Q 称为二面角的面.二面角将空间分成两部分,称为二面角的内部和外部(这一定义类似于平面几何中的角把平面分为两部分).

二面角通常由标记棱的两个字母表示(例如,二面角 AB).如果一个图形中的几个二面角具有相同的棱,那么我们可以用四个字母表示二面角,中间两个标记棱,另外两个标记面(例如,二面角 $SCDR$,图 1.4.2).

如果通过二面角的棱 AB 的任意一点 D(图 1.4.3),在每个面内都作一条垂直于棱的射线,那么这两条射线形成的$\angle CDE$ 称为二面角的平面角.

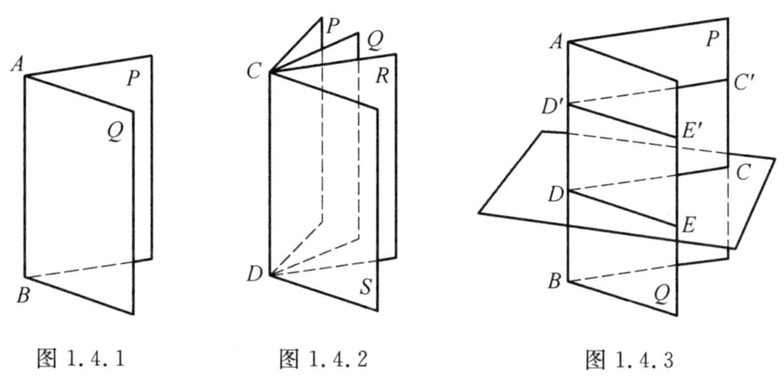

图 1.4.1　　图 1.4.2　　图 1.4.3

二面角的平面角的测量不取决于其顶点在棱的位置.也就是说,平面角 CDE 和平面角 $C'D'E'$ 是相等的,因为它们的边是互相平行的,并且有着相同的方向.

含有二面角平面角的平面与棱垂直,因为它包含两条与棱垂直的直线.因此,二面角的平面是通过与棱垂直的平面相交而得到的.

§37　二面角的全等与比较

如果两个二面角中的一个嵌入到另一个的内部时二者重叠,此时它们的棱重合,那么这两个二面角全等;否则,位于内部的二面角被认为是较小的.

与平面几何中的角度类似,二面角也有垂直、互补等概念.

如果两个互补的二面角是相等的,那么它们中的每一个都称为直二面角.

定理　(1)全等的二面角的平面角也相等;

(2)较大的二面角的平面角也较大.

记 $PABQ$ 和 $P'A'B'Q'$(图 1.4.4)为两个二面角.将二面角 $P'A'B'Q'$ 嵌入二面角 $PABQ$ 中,使棱 $A'B'$ 与棱 AB 重合,平面 P' 与平面 P 重合.如果这两个二面角全等,那么平面 Q' 与平面 Q 重合.然而,如果二面角 $P'A'B'Q'$ 较小,那么平面 Q' 将是位于二面角 $PABQ$ 内部的平面 Q''.

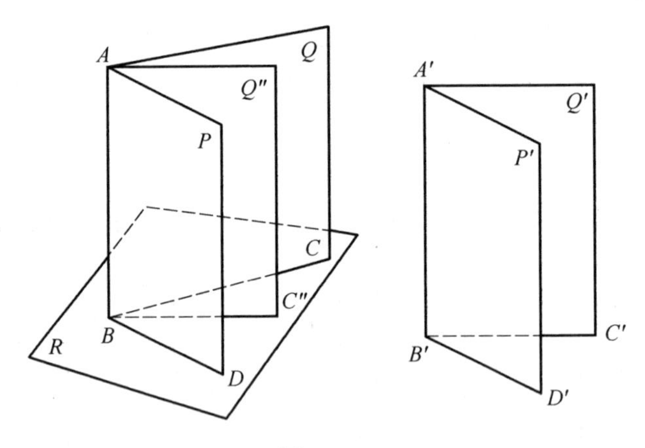

图 1.4.4

注意到这一点后,在公共棱上选取任意点 B,然后过该点作垂直于棱的平面 R.将这个平面与二面角的面相交,就得到了它们的平面角.显然,如果这两个二面角重合,那么它们的平面角将变成相同的角 CBD.如果二面角不重合(即平面 Q' 是平面 Q''),那么较大的二面角将具有更大的平面角,即$\angle CBD>\angle C'BD$.

§38　逆定理

(1)全等的平面角对应全等的二面角；

(2)两个平面角中的较大者对应较大的二面角.

这些定理很容易用反证法来证明.

§39　推论

(1)直二面角的平面角是直角,反之亦然.

记二面角 $PABQ$(图 1.4.5)为直二面角. 这意味着它与二面角 $P'ABQ$ 全等. 因此,平面角 CDE 和平面角 CDE' 也全等,又因为它们互补,所以每一个都是直角. 相反,如果互补的平面角 CDE 和 CDE' 全等,那么它们的平面角也全等,所以每一个都是直二面角.

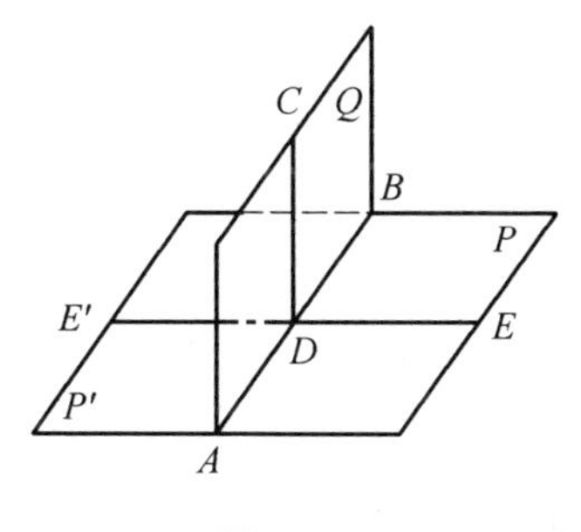

图 1.4.5

(2)所有的直二面角都全等,因为它们有相同的平面角.

同样,容易证明：

(3)具有垂直面的二面角全等.

(4)具同向(或反向)平行面的二面角全等.

(5)对于二面角的测量,可用其平面角的度数来表示. 因此,$n°$二面角等于 n 个 $1°$二面角之和.

两个相交的平面形成两对互补的二面角. 用这些二面角中较小的角度来表示两个平面之间的夹角.

§40　平面垂直

如果两个平面相交成直二面角,那么称它们垂直.

定理(垂直面的判别)　如果一个平面(Q,图 1.4.5)内的一条直线(CD)与另一个平面(P)垂直,那么这两个平面垂直.

设直线 AB 是平面 P 和 Q 的交线,在平面 P 内作 DE 垂直于 AB. 那么 $\angle CDE$ 是二面角 $PABQ$ 的平面角. 由假设,直线 CD 垂直于平面 P,所以它也垂直于 DE. 因此,$\angle CDE$ 是直角,从而二面角是直二面角,即平面 Q 与平面 P 垂直.

§41　定理

从两个给定的垂直平面(P 和 Q)中的一个平面内的一个点(A,图 1.4.6)作另一个平面(Q)的垂线,那么这条垂线完全位于第一个平面内.

假设直线 AB 是所求问题中的垂线,并且它不在平面 P 内(图 1.4.6). 设 DE 是平面 P 和平面 Q 的交线,在平面 P 内作直线 $AC \perp DE$. 在平面 Q 内作 $CF \perp DE$. 那么 $\angle ACF$ 是一个直二面角的平面角. 因此,垂直于 DE 和 CF 的直线 AC 也垂直于平面 Q,于是,过同一点 A 有两条直线垂直平面 Q,分别为 AB 和 AC. 这是不可能的(§35),这说明我们的假设是错误的,因此垂线 AB 在平面 P 内.

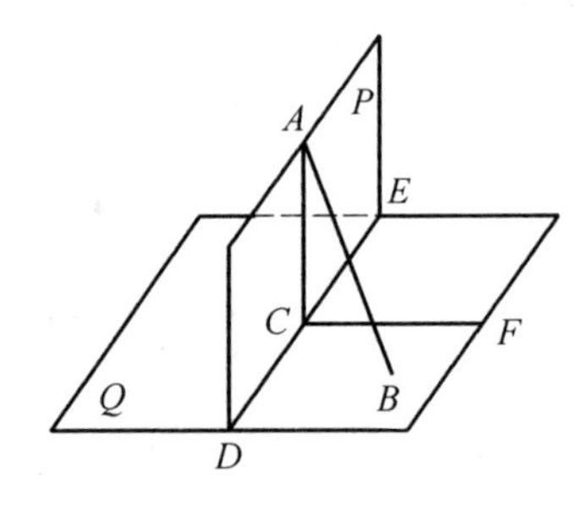

图 1.4.6

§42　推论

两个相交平面(P 和 Q)都垂直于第三个平面(R),那么它们的交线(AB,图 1.4.7)与第三个平面垂直.

事实上,如果从平面 P 和 Q 的交线上的任意一点 A,向平面 R 作垂线,那么根据前面的定理,这条垂线既在平面 P 内又在平面 Q 内,因此它与 AB 重合.

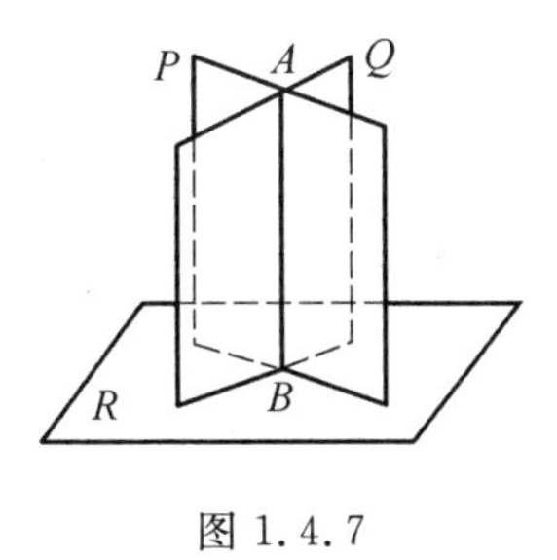

图 1.4.7

§43　斜线间的角

给定位置和方向的两条斜线(AB 和 CD,图 1.4.8),它们之间的角度可由角($\angle MON$)来定义,其中点 O 是空间中任意一点,两条射线(OM 和 ON)分别平行于斜线(AB 和 CD)且与它们的方向分别相同.

这个角的大小不依赖于点 O 的选择,因为如果作了另一个这样的$\angle M'O'N'$,那么$\angle MON=\angle M'O'N'$,因为这两个角的边分别平行且方向相同.

至此,即使两条直线不相交,我们也可以使用直线与直线之间的角度这一概念.

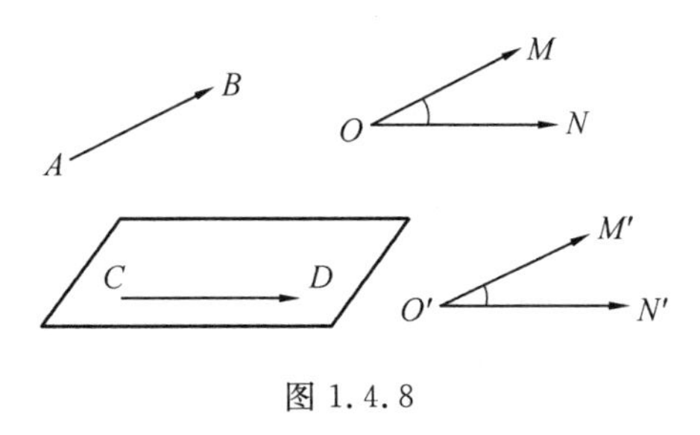

图 1.4.8

§44　正交投影

正如我们在§25 中所讨论的,从给定的点作给定平面的垂线和斜线,联结垂足与斜足的线段,称为这条斜线在平面内的投影. 现在我们给出更一般的投影的定义.

(1)一个点到给定平面的正交(或笛卡儿)投影(例如图 1.4.9 中点 M 与平面 P)定义为从该点作这个平面的垂线的垂足(M').

为了简便起见,我们通常省略"正交"一词,简称"投影".

(2)一个图形(例如曲线)的所有点在给定平面内投影的几何轨迹称为给定平面内的该图形的投影.

特别地,如果被投影的曲线是一条不垂直于平面(P)的直线(AB,图 1.4.9),那么它在这个平面的投影也是一条直线.实际上,过直线 AB 上的一点 M 作垂直于平面 P 的直线 MM',那么由 AB 与 MM' 确定的平面 Q 垂直于平面 P.过直线 AB 上的任意点(例如点 N)垂直于平面 P 的直线都在平面 Q 内(§41).因此,直线 AB 上所有的点的投影都在平面 P 和 Q 的交线($A'B'$)上.反之,直线 $A'B'$ 上的每一点都是直线 AB 的某一点的投影,因为过直线 $A'B'$ 的任何一点垂直于平面 P 的直线都在平面 Q 内,因此必与直线 AB 相交于某一点.从而,直线 $A'B'$ 是直线 AB 上所有的点的投影轨迹,也就是该直线的投影.

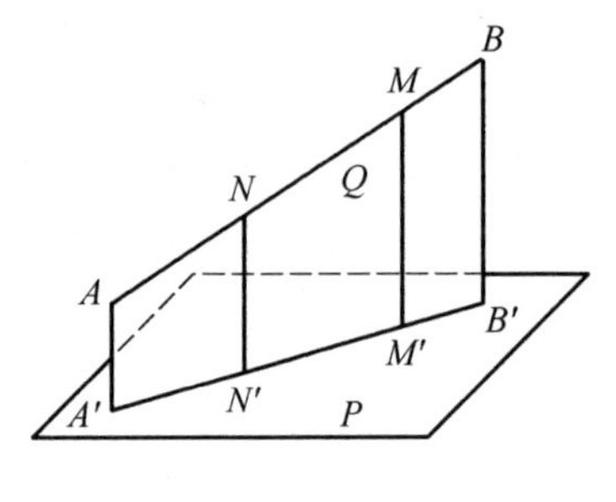

图 1.4.9

§45 斜线与平面所成的角

假定一个平面(P)与其一条斜线(AB,图 1.4.10),该斜线与其投影所形成的锐角($\angle ABC$)称为这条斜线与平面所成的角.这个角是斜线与平面 P 内过斜足 B 的所有直线所成的角中最小的.例如,证明 $\angle ABC$ 比 $\angle ADB$ 小,如图 1.4.10 所示.为此,我们取线段 $BD=DC$,并联结点 D 和点 A.三角形 ABC 和三角形 ADB 有两对相等的边,但它们的第三边不相等,即 $AC<AD$,因为垂线段最短(§26).因此,由三角形中大边对大角,有 $\angle ABC<\angle ABD$.

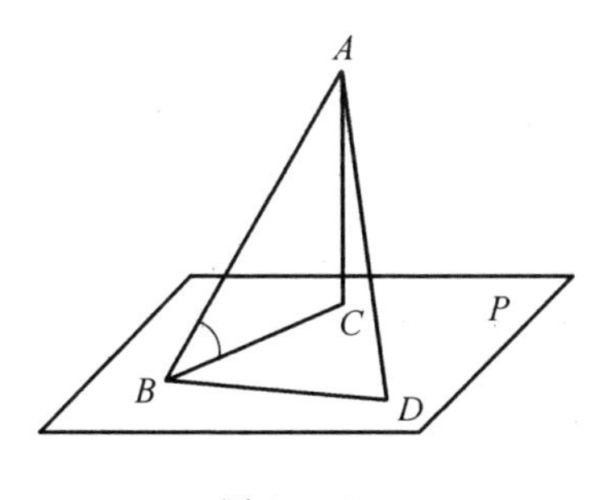

图 1.4.10

练　　习

1. 证明§38中的定理.

2. 证明§39中的推论(3):直二面角相等.

3. 证明:垂直于同一条直线的平面与直线互相平行.

4. 证明:平行给定平面的直线与该平面的垂线垂直.

5. 证明:锐角二面角中的任何平面角的两条边,就是其互相到二面角的两个面内的投影.

6. 作一个包含给定直线且垂直于给定平面的平面.

7. 给定一个平面 P,一条直线 a 平行于平面 P,作一个包含直线 a 且与平面 P 成给定角度的平面.

8. 给定平面 P 及其同侧的两点 A 和 B,作出平面 P 内的点 C,使 $AC+BC$ 之和最小.

9. 给定一个平面及其一条斜线,作包含这条斜线的所有平面与给定平面所成的二面角中的最大者.

10. 证明:如果一条直线与二面角的两个面的交点到棱的距离相等,那么该直线与二面角的两个面所成的角相等.

11. 空间中的四条线(不共点)可以两两互相垂直吗?

12. 证明:已知一条直线和一个平面垂直,那么一条直线与该直线和平面所成的角的和等于 $90°$.

13. 证明:平行四边形在平面内的投影还是平行四边形.

14. 证明:已知一个三角形向给定平面作投影,那么这个三角形的重心的投影就是其投影的重心.

15. 给定空间四点 A,B,C,D,且 $AB=AC,DB=DC$,证明:AD 和 BC 垂直.

16. 证明:与平面内三条直线成等角的直线垂直于该平面.

17. 一条直线与平面内的两条相互垂直的直线所成的角分别为 45°和 60°,计算该直线与平面所成的角的度数.

第5节 多面角

§46 定义

取几个角(图 1.5.1)$\angle BSC,\angle CSD,\cdots,\angle ESF$,它们绕公共顶点 S 在同一平面彼此逐次相连. 将$\angle ASB$ 所在的平面绕边 SB(与$\angle BSC$ 的公共边)旋转,使其与平面 BSC 形成二面角. 然后,保持这个二面角不变,绕直线 SC 旋转,使平面 BSC 与平面 CSD 形成二面角. 在每一条公共边上进行这样的连续旋转. 最后,如果第一条边 SA 与最后一条边 SF 重合,那么由此形成的几何图形(图 1.5.2)称为多面角. $\angle ASB,\angle BSC,\cdots,\angle ESA$ 被称为平面角或面;它们的边 $SA,SB,\cdots,SE$ 称为棱;公共顶点 S 称为多面角的顶点. 多面角的每一条棱都同时是由两个相邻面形成的某个二面角的棱. 因此多面角的棱、二面角及其平面角的个数一样多. 多面角最少有三个面,这种角称为三面角. 同样有四面角、五面角,等等.

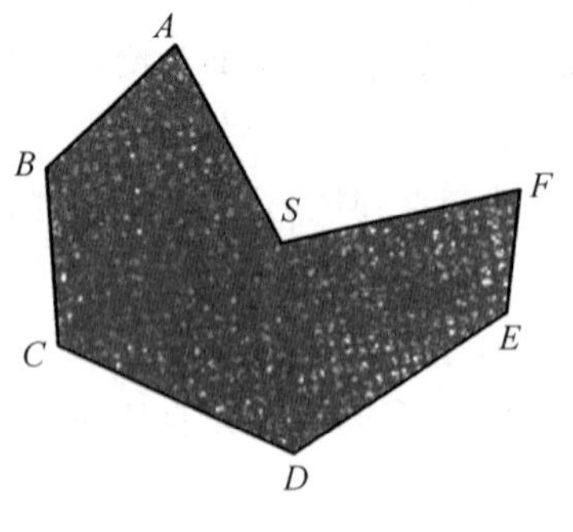

图 1.5.1

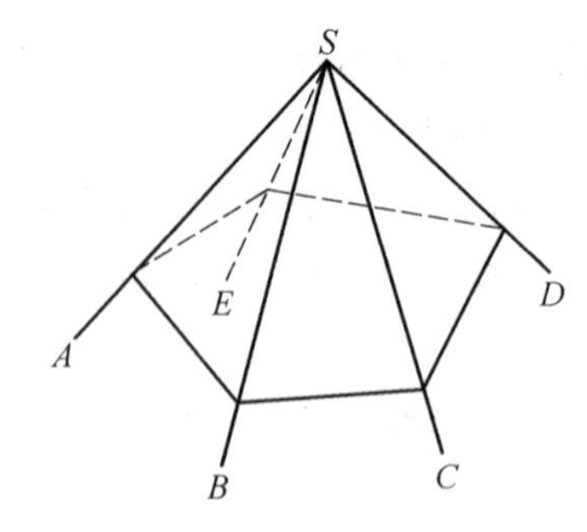

图 1.5.2

我们将用顶点对应的字母(S)或者一串字母($SABCDE$)来表示多面角,其中第一个字母表示顶点，其他字母依次表示棱.

如果一个多面角位于其每个面所在平面的同一侧，那么称这样的多面角为凸的. 因此如图 1.5.2 所示的多面角为凸的. 反之，如图 1.5.3 所示的多面角不是凸的，因为它位于平面 ASB 或平面 BSC 的两侧.

如果我们将多面角的所有面与一个平面相交，那么在这个平面上就会形成一个多边形. 在凸多面角中，这样的多边形也是凸的. 在后边的学习中，若无特殊说明，所考虑的多面角都是凸的.

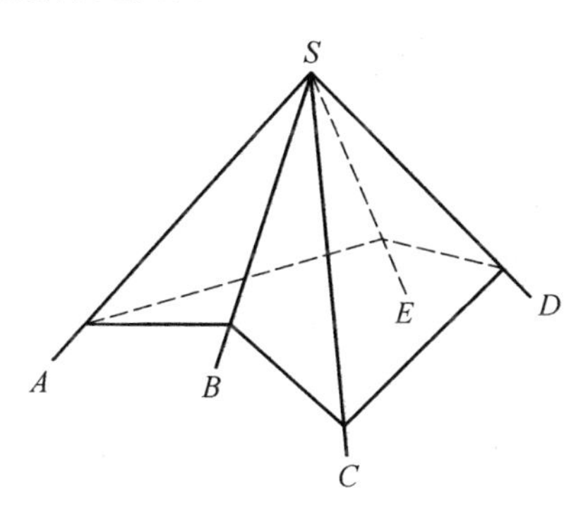

图 1.5.3

§47　定理

在三面角中，每个平面角小于其他两个平面角之和.

在三面角 $SABC$(图 1.5.4)中，记$\angle ASC$是最大的平面角. 在这个角的内部，作$\angle ASD=\angle ASB$，并过点 D 作与 SD 相交的直线 AC. 取 $SB=SD$，联结 BA 和 BC.

在三角形 ABC 中，我们有

$$AD+DC<AB+BC$$

三角形 ASD 和三角形 ASB 全等，因为它们在顶点 S 处的角相等，这些角的边也相等，于是 $AD=AB$. 把上述不等式两边相等的部分去掉，就得到了 $DC<BC$. 我们注意到，在三角形 BSC 和三角形 DSC 中，其中一个三角形的边分别与另一个的边相等，但是第三边不相等. 在这种情况下，小边对小角，即

$$\angle CSD<\angle CSB$$

在这个不等式的左边加上$\angle ASD$，在右边加上与$\angle ASD$相等的$\angle ASB$，我

们得到了需要的不等式

$$\angle ASC<\angle ASB+\angle CSB$$

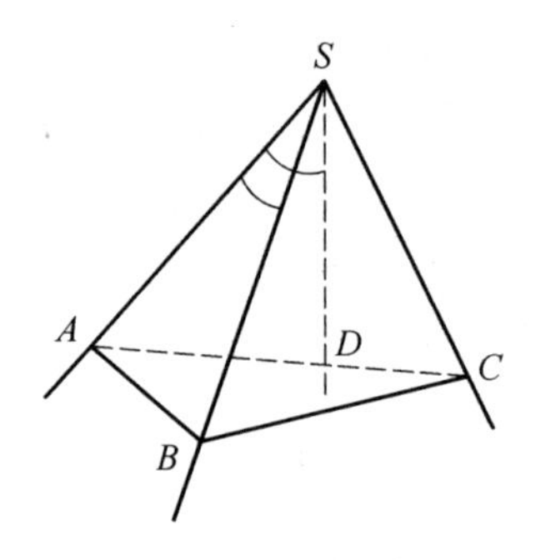

图 1.5.4

推论 从后一个不等式的两边减去$\angle ASB$或$\angle CSB$，我们得到

$$\angle ASC-\angle ASB<\angle CSB$$

$$\angle ASC-\angle CSB<\angle ASB$$

从右到左读取这些不等式，同时考虑到三个平面角中最大的$\angle ASC$也大于另外两个平面角的差，从而，在三面角中，每个平面角都大于另外两个平面角的差.

§48 定理

后面的讨论中，我们用 d 表示直角. 首先得到如下定理.

在凸多面角中所有平面角的和小于 $4d$.

在与凸多面角 $SABCDE$(图 1.5.5)的所有面相交的平面上形成一个凸多边形 $ABCDE$. 将前面的定理应用到顶点为 A,B,C,D,E 的三面角中，得到

$$\angle ABC<\angle ABS+\angle CBS$$

$$\angle BCD<\angle BCS+\angle DCS$$

等等. 将这些不等式相加，左边得到多边形 $ABCDE$ 的所有角的和，等于 $2dn-4d$，右边得到了三角形 ABS，三角形 BCS 等角的和，其中除去了那些以 S 为顶点的角. 用字母 x 表示以 S 为顶点的角的和，把上述不等式相加，我们得到

$$2dn-4d<2dn-x$$

$2dn-4d$ 和 $2dn-x$ 中的被减数相同. 但第一个差小于第二个差，所以第一个减数 $4d$ 大于第二个减数 x，即 $4d>x$.

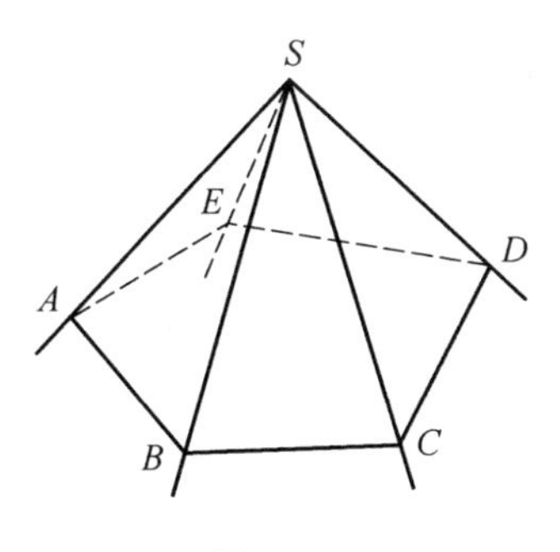

图 1.5.5

§49　对称多面角

正如我们已经知道的，由直线或平面形成的直角都是相等的．让我们看看这个说法对多面角是否仍然适用．

将多面角 $SABCDE$（图 1.5.6）的所有棱延长过顶点 S，从而形成一个新的多面角 $SA'B'C'D'E'$，称之为原多面角的垂直多面角．不难看出，在这两个多面角中，所有对应的平面角和二面角都是相等的，但这两种角的位置是相反的．事实上，如果我们想象一个观察者从第一个多面角的外部观察它的顶点，会发现第一个角的棱 SA,SB,SC,SD,SE 在他看来是逆时针顺序的．但是，如果他从外部观察角 $SA'B'C'D'E'$，那么棱 SA',SB',SC',SD',SE' 是按顺时针排列的．

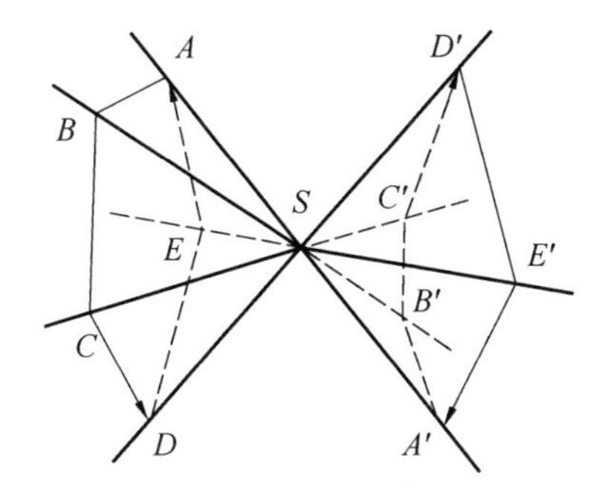

图 1.5.6

平面角和二面角分别相等，但其位置顺序相反的多面角一般来说不能重叠，因此不全等．这种多面角通常称为对称角．空间图形的对称性将在第 2 章第 4 节中详细讨论．

§50　定理(三面角全等)

两个三面角是全等的,如果(1)两个全等且位置相同的平面角之间的二面角对应全等,或者(2)两个全等和位置相同的二面角之间的平面角对应全等.

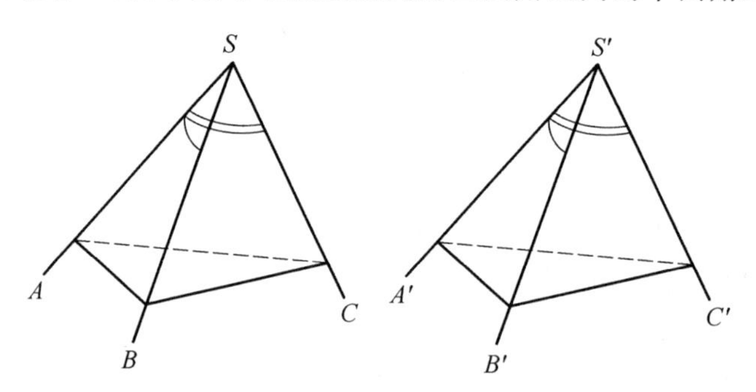

图 1.5.7

(1)设 S 和 S' 是两个三面角(图 1.5.7),且 $\angle ASB=\angle A'S'B'$,$\angle ASC=\angle A'S'C'$(这些角的大小和位置分别相同),并且二面角 AS 与二面角 $A'S$ 全等.将三面角 S' 插入 S、使得顶点 S' 和 S、棱 $S'A'$ 和 SA 及平面 $A'S'B'$ 和 ASB 重合,那么棱 $S'B'$ 与 SB 重合(因为 $\angle A'S'B'=\angle ASB$),平面 $A'S'C'$ 与 ASC 重合(因为二面角全等),并且棱 $S'C'$ 与 SC 重合(因为 $\angle A'S'C'=\angle ASC$).因此,三面角的所有棱都互相重合,所以这两个三面角全等.

(2)类似的,能通过重叠加以证明.

练　　习

1. 证明:每个三面角都是凸的.

2. 非凸多面角的平面角之和可以小于 $2d$ 吗?

3. 给出一个非凸四面角的例子,其平面角之和满足:(a)大于 $4d$;(b)小于 $4d$;(c)等于 $4d$.

4. 凸四面角能有几个平面角是钝角?

5. 证明:如果一个三面角有两个直角的平面角,那么它的两个二面角是直角.反之,如果一个三面角有两个直二面角,那么它的两个平面角是直角.

6. 证明:四面角的每个平面角都小于其他三个平面角的和.

7. 对称多面角能全等吗?

8. 证明:两个三面角全等,如果:(a)它们的平面角都是直角,或者(b)它们的二面角都是直角.

9. 证明:四面角与平面相交,截面为平行四边形.

10. 在三面角的内部,作出与面等距的点的几何轨迹.

11. 假设两个具有平行棱的二面角的面互相垂直,证明:这两个二面角要么全等,要么它们的和等于 $2d$(即两个直二面角的和).

12. 从二面角内部的一点向其面作垂线,证明:垂线之间的夹角等于这个二面角的平面角的补角.

13. 假设一个三面角的各条棱与另一个三面角的各个面分别垂直,证明:第一个三面角的面与第二个角的棱分别垂直.

14. 证明:在三面角中,所有二面角之和大于 $2d$,且其中两个二面角之和小于第三个二面角与 $2d$ 之和.

15. 证明:在(凸)n 面角中,所有二面角的和大于 $4dn-4d$(即凸 n 边形的内角和).

16. 两个顶点相同的多面角中的一个位于另一个的内部,证明:后一个的平面角之和大于前一个的平面角之和. 如果多面角中的一个不是凸的,结论是否仍然是对的? 哪一个不是凸的呢?

第2章 多面体

第1节 平行六面体与棱锥

§51 多面体

多面体是由多边形围成的立体图形.多面体的边界多边形称为面.两个相邻面的公共边称为多面体的棱.当多个面在其公共顶点处相交时,它们形成多面角,该角的顶点称为多面体的顶点.联结任意两个不在同一个面上的顶点的直线段,称为多面体的对角线.

一个多面体最少有四个面.这样的多面体可以用平面从三面角中截出.

我们只考虑那些凸面多面体,即在其每个面的一侧的多面体.

§52 棱柱

任取一个多边形 $ABCDE$(图 2.1.1),过其顶点作不在它所在平面上的平行线.然后在其中一条直线上任取一个点(A'),过该点作平行于平面 $ABCDE$ 的平面,并作出一个通过每对相邻平行线的平面.由所有这些平面截出一个多面体 $ABCDEA'B'C'D'E'$,称为棱柱.

平行平面 $ABCDE$ 和 $A'B'C'D'E'$沿着平行线(§13)与侧面相交,因此四边形 $AA'B'B$,$BB'C'C$ 等都是平行四边形.另一方面,在多边形 $ABCDE$ 和 $A'B'C'D'E'$中,对应的边相等(作为平行四边形的对边),并且对应角相等(分别为平行且同向边的角).于是,这两个多边形全等.

因此,如果一个多面体的两个面分别为平行且全等的多边形,而所有其他面都是连接平行边的平行四边形,那么这个多面体为棱柱.

位于平行平面上的面($ABCDE$ 和 $A'B'C'D'E'$)称为棱柱的底面.从一个

底面的任意一点到另一个底面的垂线段 OO' 称为棱柱的高. 平行四边形 $AA'B'B$, $BB'C'C$ 等称为棱柱的侧面,联结底面相应顶点的 AA', BB' 等,称为棱柱的侧棱. 图 2.1.1 所示的 $A'C$ 是棱柱的一条对角线.

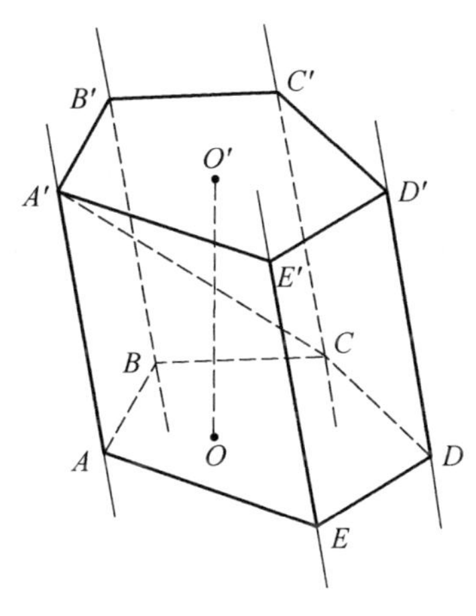

图 2.1.1

如果棱柱的侧棱垂直于底面,那么称之为直棱柱(否则称为斜棱柱),直棱柱的侧面是矩形,并且侧棱是它的高.

如果直棱柱的底面是正多边形,那么称之为正棱柱. 正棱柱的侧面是全等的矩形.

棱柱可以是三棱柱、四棱柱等,取决于它的底面是:三角形、四边形等.

§53 平行六面体

底面是平行四边形(图 2.1.2)的棱柱称为平行六面体. 与一般的棱柱一样,平行六面体可以是直的也可以是斜的. 如果直平行六面体的底面是矩形,那么称之为长方体(图 2.1.3). 由定义可知:

(1)平行六面体的六个面都是平行四边形;

(2)直平行六面体的四个侧面是矩形,其底面是平行四边形;

(3)长方体的六个面都是矩形.

在三维空间中,一个长方体的交于同一个顶点的三条边称为它的维度;其中一条边称为长,另一条称为宽,第三条称为高.

三个维度都相等的长方体称为正方体. 正方体的所有面都是正方形.

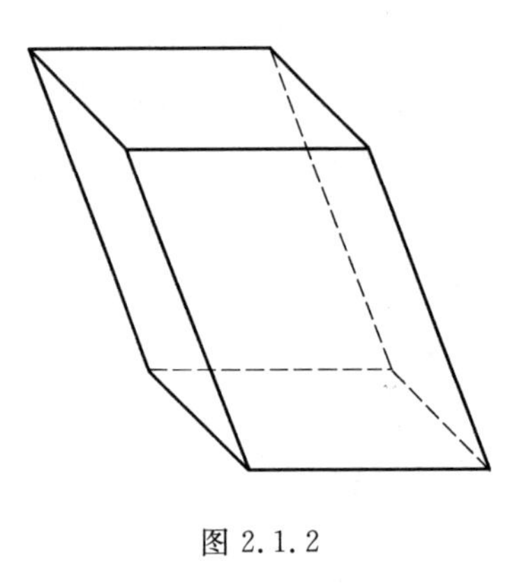

图 2.1.2

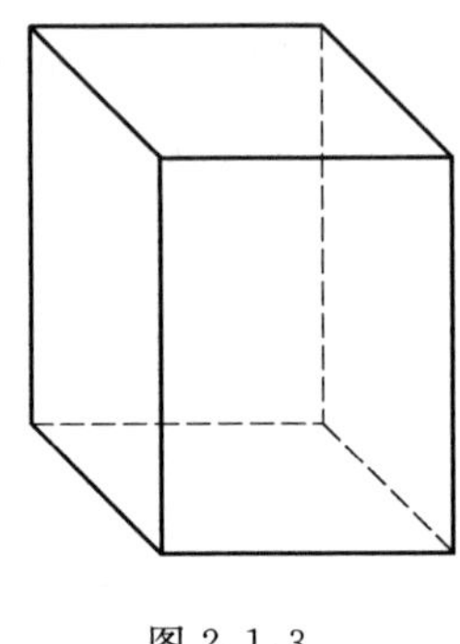

图 2.1.3

§54 棱锥

棱锥是一个多面体，其中一个面（称为其底面）可以是任何多边形，而所有其他面（称为侧面）都是一个相交于公共顶点的三角形.

为了构造一个棱锥，只要任取一个多面角 S（图 2.1.4），用一个与它的所有棱都相交的平面 $ABCD$ 去截这个多面角，并取有限部分 $SABCD$，即可得到一个棱锥.

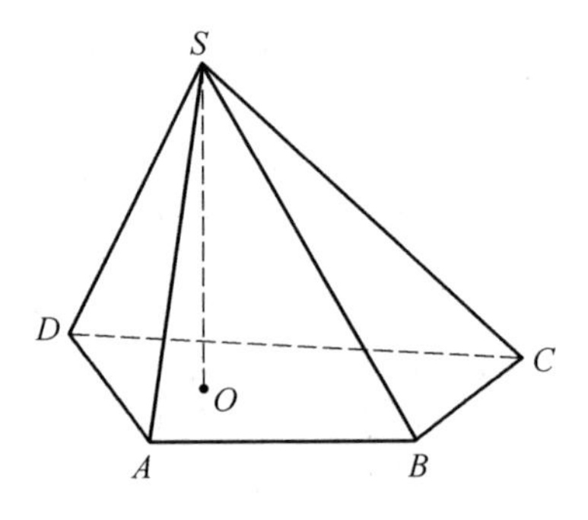

图 2.1.4

侧面的公共顶点称为棱锥的顶点，顶点的连线称为棱锥的侧棱，从顶点到底部面的垂线段 SO 为棱锥的高.

通过顶点和底面的任意一条对角线（如对角线 BD，图 2.1.6）的平面称为棱锥的对角面.

棱锥通常以顶点命名，例如棱锥 $SABCD$（图 2.1.4）.

根据棱锥的底面是三角形、四边形等分为三棱锥、四棱锥等，三棱锥也称为四面体(图 2.1.5). 四面体的四个面都是三角形.

如果棱锥的底面是正多边形，且高通过该多边形的中心，那么称这样的棱锥为正棱锥(图 2.1.6). 在一个正棱锥中，所有的侧棱都相等(投影也相等). 因此，正棱锥的所有侧面都是全等的等腰三角形

每个三角形的高 SM(图 2.1.6)称为边心距. 一个正棱锥的所有边心距都相等.

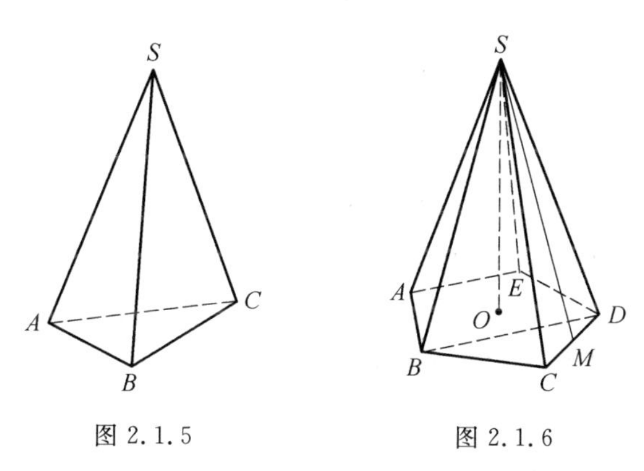

图 2.1.5　　图 2.1.6

§55 棱台

棱锥的底面($ABCDE$)和与底面平行的平面截面 $A'B'C'D'E'$之间的部分(图 2.1.7)，称为棱台. 两个平行的面称为棱台的底面，从一个底面的任何点作另一个底面的垂线段，即为棱台的高. 由正棱锥所截取的棱台称为正棱台.

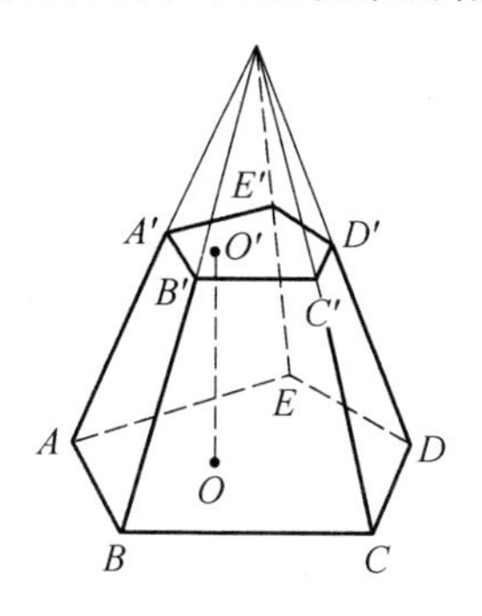

图 2.1.7

§56 定理

在平行六面体中：

(1)相对的面全等且平行；

(2)所有四条对角线都相交于它们的中点.

(1)由平行六面体的定义知，底面 $ABCD$ 和 $A'B'C'D'$(图 2.1.8)平行且全等. 对于侧面 $BB'C'C$ 与 $AA'D'D$，如果其中一个面上的相交直线 BB' 和 $B'C'$ 分别平行于另一个面上的相交直线 AA' 和 $A'D'$(§12)，那么这两个侧面平行. 因为 $B'C'=A'D'$，$BB'=AA'$(平行四边形的对边)且 $\angle BB'C'=\angle AA'D'$(平行四边形的对角)，所以这两个面是平行四边形并且全等.

(2)任取两条对角线(例如 AC' 和 BD'，图 2.1.9)，作辅助线 AD' 和 BC'. 由于边 AB 和 $D'C'$ 都与边 DC 平行且相等，所以它们互相平行且相等. 因此，$ABC'D'$ 是一个平行四边形，其中 AC' 和 BD' 是对角线，任意平行四边形的对角线都互相平分. 因此，对角线 AC' 和 BD' 在它们的中点处相交. 任何其他对角线同理可证，例如 AC' 和其余的对角线 $B'D$ 或 $A'C$. 因此，这些对角线都通过 AC' 的中点，并被它平分.

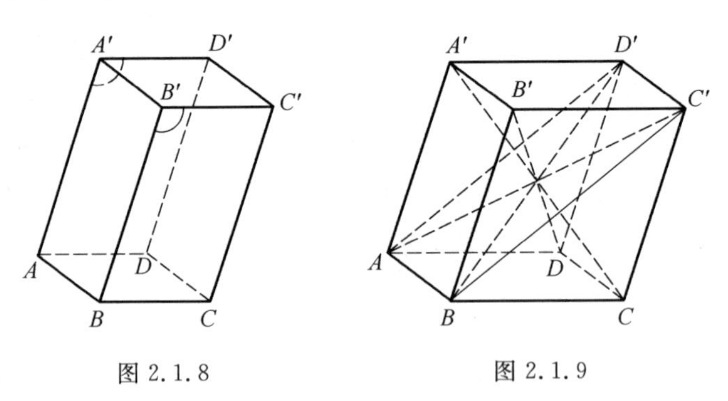

图 2.1.8　　图 2.1.9

§57 定理

平行六面体中任意对角线($C'A$，图 2.1.10)的平方等于三个维度的平方之和.

联结底面对角线 AC，得到三角形 ACC' 和三角形 ABC. 它们都是直角三角形，因此边 $C'C$ 垂直于底面，并且它的底面是一个矩形.

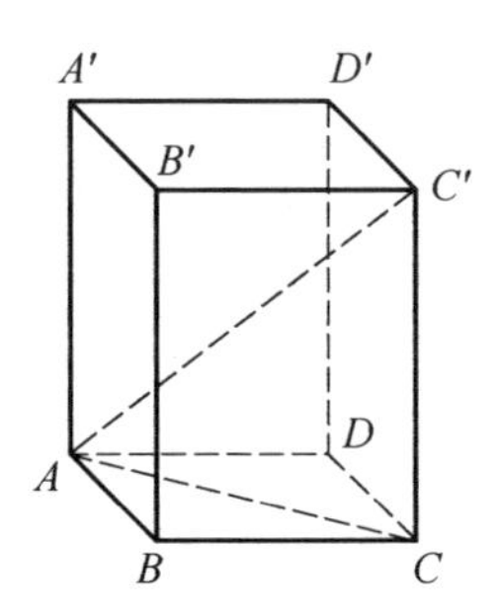

图 2.1.10

从这些三角形中我们发现

$$C'A^2 = AC^2 + C'C^2, AC^2 = AB^2 + BC^2$$

因此

$$C'A^2 = AB^2 + BC^2 + C'C^2$$

推论 在长方体中,所有对角线都相等.

§58 定理

如果一个棱锥(图 2.1.11)被一个平行于底面的平面所截,那么

(1)侧棱和高(SM)被该平面分成比例相等的两部分;

(2)截面是与底面相似的多边形($A'B'C'D'E'$);

(3)截面面积和底面面积与它们到顶点的距离的平方成正比.

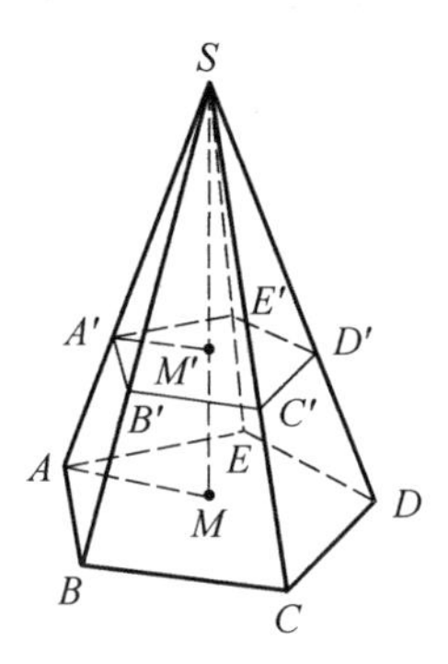

图 2.1.11

(1)直线 $A'B'$ 和 AB 可以看作是第三个平面 ASB 与两个平行平面(底面和横截面)的交线.因此,直线 $A'B'$ 平行于直线 AB(§13).同理,我们有 $B'C'$

平行于 BC，$C'D'$ 平行于 CD，等等；并且 $A'M'$ 平行于 AM. 根据泰勒斯定理，有

$$\frac{SA'}{A'A}=\frac{SB'}{B'B}=\frac{SC'}{C'C}=\cdots=\frac{SM'}{M'M}$$

(2)根据三角形 ASB 和三角形 $A'SB'$ 相似，以及三角形 BSC 和三角形 $B'SC'$ 相似，可得

$$\frac{AB}{A'B'}=\frac{BS}{B'S}, \quad \frac{BS}{B'S}=\frac{BC}{B'C'}$$

从而

$$\frac{AB}{A'B'}=\frac{BC}{B'C'}$$

同样地，我们得到 $BC:B'C'=CD:C'D'$，以及多边形 $ABCDE$ 和 $A'B'C'D'E'$ 的所有其他边的比例. 这些多边形也具有相等的角(边平行且同向)，因此它们相似.

(3)由相似多边形的面积与对应边的平方成正比(见《基谢廖夫平面几何》[①]). 从而由

$$\frac{AB}{A'B'}=\frac{AS}{A'S}=\frac{MS}{M'S}$$

(三角形 ASM 和三角形 $A'SM'$ 相似)，我们得出结论

$$\frac{S_{ABCDE}}{S_{A'B'C'D'E'}}=\frac{AB^2}{(A'B')^2}=\frac{MS^2}{M'S^2}$$

推论 1 如果两个高相等的棱锥被与顶点等距的平面所截，那么截面面积的比等于底面面积的比.

设 a_1 和 a_2(图 2.1.12)为两个三棱锥的底面的面积，h 为每个三棱锥的高，a'_1 和 a'_2 为平行底面且与顶点距离都为 h' 的截面的面积. 根据定理，我们有

$$\frac{a'_1}{a_1}=\frac{(h')^2}{h^2}=\frac{a'_2}{a_2}$$

所以 $\frac{a'_1}{a'_2}=\frac{a_1}{a_2}$.

推论 2 如果 $a_1=a_2$，那么 $a'_1=a'_2$，即如果两个高相等的棱锥的底面全等，那么与顶点等距的截面也全等.

---

① 基谢廖夫. 基谢廖夫平面几何[M]. 陈艳杰，程晓亮，译. 哈尔滨：哈尔滨工业大学出版社，2022.

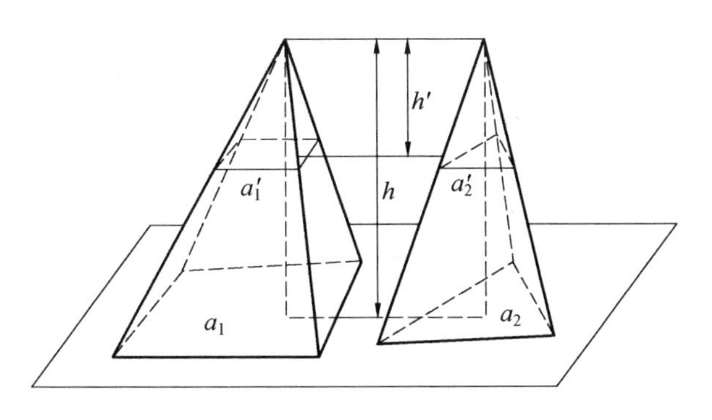

图 2.1.12

§59　棱柱的侧面积

定理　棱柱的侧面积等于侧棱与其垂直截面的周长的乘积.

所谓棱柱的垂直截面(图 2.1.13),我们指的是由垂直于其侧棱的平面与棱柱的所有侧面相交而得到的多边形 $ABCDE$. 这个多边形的边垂直于侧棱(§31, §20).

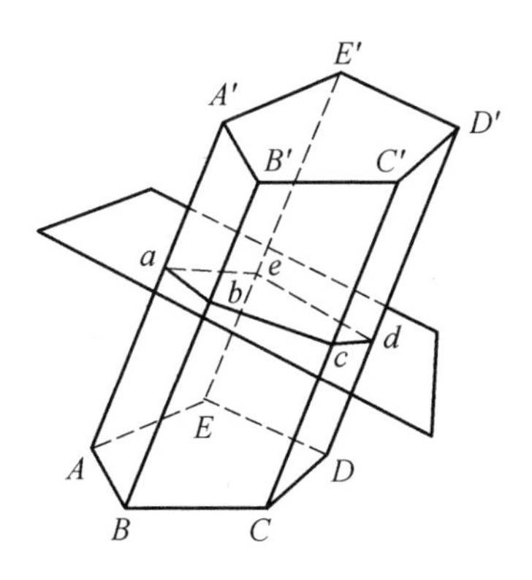

图 2.1.13

棱柱的侧面积等于平行四边形的面积之和. 其中每条棱都可以认为是底边,垂直截面的每一条边可以认为是高. 所以侧面积等于

$$AA' \cdot ab + BB' \cdot bc + CC' \cdot cd + DD' \cdot de + EE' \cdot ea$$
$$= AA' \cdot (ab + bc + cd + de + ea)$$

推论　直棱柱的侧面积等于底面周长与高的乘积,因为直棱柱的侧棱与高

相等,且其底面可视为垂直截面.

§60 正棱锥的侧面积

定理 正棱锥的侧面积等于边心距与底面半周长之积.

设 $SABCDE$(图 2.1.14)为正棱锥,SM 为其边心距.棱锥的侧面积是全等的等腰三角形面积的和.其中一个的面积,例如三角形 ASB 的面积等于$\frac{1}{2}AB\cdot SM$.如果侧面包含 n 个三角形,那么侧面积就等于$\frac{1}{2}AB\cdot n\cdot SM$,其中$\frac{1}{2}AB\cdot n$是底面的半周长,$SM$ 是边心距.

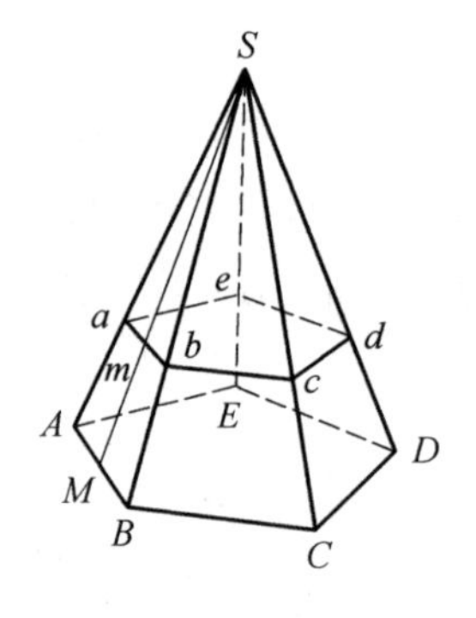

图 2.1.14

定理 正棱台的侧面积等于边心距与两底面周长之和的乘积的一半.

正棱台 $abcdeABCDE$ 的侧面积(图 2.1.14)等于全等的等腰梯形面积的和.例如梯形 $AabB$ 的面积等于$\frac{1}{2}\cdot(AB+ab)\cdot Mm$.如果有 n 个梯形,那么侧面积等于

$$\frac{AB+ab}{2}\cdot Mm\cdot n=Mm\cdot\frac{AB\cdot n+ab\cdot n}{2}$$

其中 $AB\cdot n+ab\cdot n$ 是两底面周长的和.

练　　习

1. 证明:在四面体或平行六面体中,每个面都可以作为底面.

2. 计算立方体两个相邻面的对角线之间的夹角.(首先考虑相交的对角线,然后是不相交的斜对角线.)

3. 证明:如果一个多面体的每个面都有奇数条边,那么它有偶数个面.

4. 证明:在每一个面为三角形的多面体中都存在一条边,使得与其相邻的所有平面角都是锐角.

5. 证明:在每个四面体中都有一个顶点,以它为顶点的平面角都是锐角.

6. 证明:在四面体中,当且仅当所有对边都相等时,所有面都全等.

7. 作出与给定四面体的所有面等距的点.

8. 证明:一个多面体是凸的,当且仅当两个端点在该多面体内的每一条线段也都在该多面体内.

9. 证明:凸多面体的面、截面和投影为凸多边形.

10. 计算边长为 1 cm 的立方体的对角线长.

11. 在立方体中,两条对角线之间的夹角和对角线与边之间的夹角哪个更大?

12. 证明:如果一个平行六面体的两条对角线垂直,那么它的维度与直角三角形的边相等,反之亦然

13. 计算一条线段的长度,使得它到三个垂直平面的正交投影的长度分别为 a,b,c.

14. 如果一个多面体的两个面是边分别平行的全等多边形,并且其他的面都是平行四边形,那么这个多面体一定是长方体吗?(允许是非凸多面体)

15. 证明:如果一个棱柱中的所有对角线都过同一点,那么这个棱柱是一个平行六面体.

16. 证明:底面为四边形的棱台中,所有对角线都相等,反之亦然,即如果一个棱台的所有对角线都相等,那么它的底面就是四边形.

17. 作出一个平行六面体,其中三条棱在三条给定的直线上,且没有两条在同一平面内.

18. 计算高为 1 cm 的直棱柱的表面积,其中底面是一个直角三角形,直角边长分别为 3 cm 和 4 cm.

19. 一个平行六面体的表面积为 1 714 cm^2,底边的维度分别为 25 cm 和

14 cm. 计算侧面积和侧棱长.

20. 在底面为正方形和高为 h 的长方体中,作过两条对棱的截面. 如果截面面积等于 S,计算这个长方体的表面积.

21. 一个正六棱锥的高为 h,底边为 a,计算它的侧棱、边心距、侧面积和表面积.

22. 计算所有边长为 a 的四面体的表面积.

23. 计算一个正棱锥的侧面与底面之间的夹角,该棱锥的侧面积是底面面积的两倍.

24. 证明:如果一个棱锥的所有侧棱与底边所成的角都相等,那么其底面内接于圆.

25. 证明:如果一个棱锥的所有侧棱与底边所成的角都相等,那么其底面外切于圆.

26. 一个正六棱锥,高为 15 cm,底边长为 5 cm,被一个平行于底面的平面所截. 如果横截面的面积等于 $\frac{2}{3}\sqrt{3}$ cm^2,计算这个平面到顶点的距离.

27. 底面为正方形的正棱台的高为 h,底面积分别为 a 和 b. 求这个正棱台的表面积.

28. 如果一个棱台的上下底面积分别为 36 和 16. 该棱台被平行于底面且平分高的平面所截,计算横截面的面积.

29. 通过立方体的每条边,在立方体外各画出一个平面,这些平面与相邻的面成 45°. 假定立方体的边长为 a,计算由这些平面围成的多面体的表面积. 这个多面体是棱柱吗?

30. 证明:如果一个四面体的所有高都相等,那么其对棱都互相垂直,反之亦然.

31. 证明:如果一个四面体的一条高过另一个面的垂心,那么其他三条高也具有相同的性质.

32. 从多面体内部的一点开始,向多面体的面所在的平面作垂线. 证明至少有一条垂线的垂足在这个多面体的内部.

第2节　棱柱与棱锥的体积

§61　关于体积的主要假设

一个特定形状的容器可以装一定量的水.以"立方"为单位进行测量和定量表达,如立方厘米、立方米、立方英尺等.这种测量使我们产生了体积的几何理论.因此体积的假设以一种理想化的形式反映了容器储水的性质.也就是说,我们假设几何体的体积是用正数表示的,并且对所有多面体和所有可以划分成多个多面体的更一般的几何体的体积都这样假定.进一步,我们假设下列性质成立.

(1)全等的几何体的体积相等;

(2)被分成若干部分的几何体的体积等于这些部分的体积之和;

(3)单位立方体(边长为单位长度的立方体)等于1(对应立方的单位);

两个体积相等的几何体称为等积几何体.

§62　定理

一个长方体的体积等于其三个维度(即通常所说的长、宽、高)的乘积.

设 a,b,c 为以一定长度单位表示的一个长方体的三个维度.设 V 为长方体的体积.定理表明 $V=abc$.在证明中,我们考虑以下三种情况.

(1)维度为整数

例如,维度为(图 2.2.1)$AB=a,BC=b,BD=c$,其中 a,b,c 为整数(图 2.2.1中,$a=4,b=3,c=5$).平行六面体的底面积等于 ab 个平方单位.在它们每个面上,可以放置一个单位立方体.这样就得到了一个包含 ab 个立方体的一层立方体(如图 2.2.1 所示).由于这一层的高度等于一个单位长度,而平行六面体的高包含 c 个这样的单位长度,所以整个平行六面体可以填充 c 个这样的层.因此,平行六面体的体积等于 abc 个立方单位.

(2)维度为分数

设平行六面体的维度为 $a=\frac{m}{n},b=\frac{p}{q},c=\frac{r}{s}$.把这些分数化成公分母,我

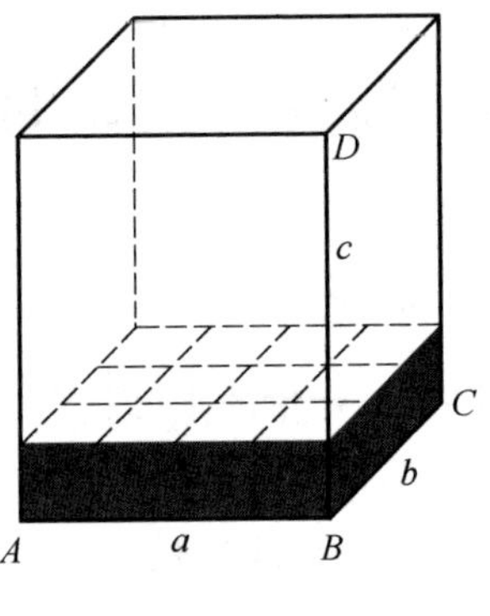

图 2.2.1

们有

$$a=\frac{mqs}{nqs},b=\frac{nps}{nps},c=\frac{nqr}{nqs}$$

选择原单位的$\frac{1}{nqs}$作为新的(辅助)长度单位.那么,用这个新单位表示的平行六面体的维度由整数给出,因此,由情形(1),如果用新的立方单位,那么体积等于乘积

$$(mqs)\cdot(nps)\cdot(nqr)$$

包含在原单位立方体中的这类新立方单位的数量等于$(nqs)^3$,即新的体积单位等于原体积单位的$\frac{1}{(nps)^3}$.因此,如果我们用原度量单位,那么这个平行六面体的体积等于

$$\frac{1}{(nqs)^3}\cdot(mqs)(nps)(nqr)=\frac{mqs}{nqs}\cdot\frac{nps}{nqs}\cdot\frac{nqr}{nqs}=abc$$

(3)维度为任意实数

设长方体 Q(图 2.2.2)的维度为 $AB=a,BC=b,BD=c$,其中 a,b,c 为正实数,可能为无理数.这些数都可以用无限小数表示.取有限小数:首先假设$\alpha'_n,\beta'_n,\gamma'_n$是 a,b,c 的不足近似,精度为 $1/10^n$,而 $\alpha''_n,\beta''_n,\gamma''_n$ 是同样精度的过剩近似.在直线 AB,BC,BD 上取线段:首先取 $BA'=\alpha'_n,BC'=\beta'_n,BD'=\gamma'_n$,然后取 $BA''=\alpha''_n,BC''=\beta''_n,BD''=\gamma''_n$.从而有

$$BA'\leqslant BA\leqslant BA'',BC'\leqslant BC\leqslant BC'',BD'\leqslant BD\leqslant BD''$$

接下来构建两个辅助长方体:一个(记为 Q')维度为 BA',BC',BD',另一个

(Q'')维度为 BA'',BC'',BD''.平行六面体 Q'位于平行六面体 Q 内,而 Q 位于平行六面体 Q''内.

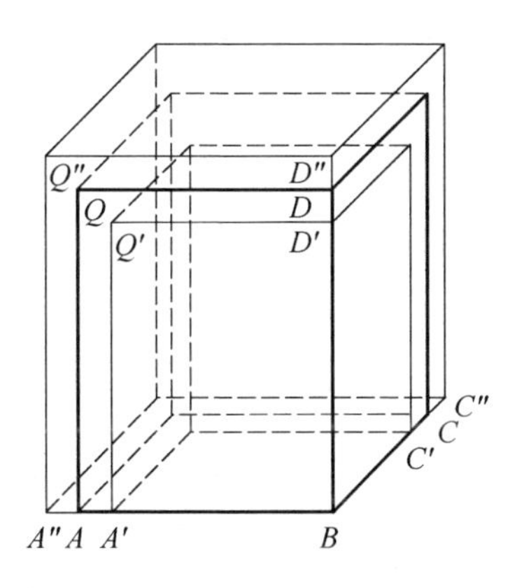

图 2.2.2

根据情形(2),有

$$V(Q')=\alpha'_n\beta'_n\gamma'_n, V(Q'')=\alpha''_n\beta''_n\gamma''_n$$

现在我们增大 n,这意味着我们越来越精确地近似 a,b,c.随着 n 的无限增大,Q'的体积会明显增大(但以 Q 的体积为上界),且趋于一个固定的极限.这个极限将等于 $\alpha'_n,\beta'_n,\gamma'_n$ 的极限的乘积,即 abc.另一方面,随着 n 的无限增大,Q''的体积将会减小,趋向于 $\alpha''_n,\beta''_n,\gamma''_n$ 的极限的乘积,即 abc.因此,我们得出结论,当 n 无限增大时,平行六面体 Q 的体积与平行六面体 Q'(包含于 Q)和 Q'(包含 Q)的体积趋于相同的极限 abc.

推论 长方体的体积等于高与底面积的乘积.

实际上,如果 a 和 b 表示底面的维度,那么第三个维度 c 就是高,它与底面面积 ab 的乘积等于体积 abc.

注 两个立体的体积单位的比等于长度单位的比的三次方,其中长度单位是这些立体的棱的单位.例如,1 立方米与 1 立方厘米的比等于 100^3,即1 000 000.同样,1 立方码等于 $3^3=27$ 立方英尺(图 2.2.3).

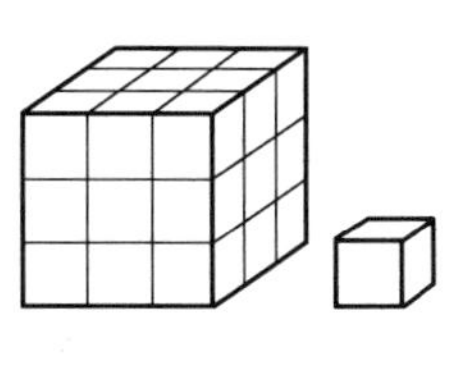

图 2.2.3

§63 引理

斜棱柱的体积与以垂直于其侧棱的截面为底面且以其侧棱为高的直棱柱

的体积相等.

假设有一个斜棱柱 $ABCDEA'B'C'D'E'$(图 2.2.4). 将其所有侧棱和侧面向相同的方向延伸. 在任意一条棱的延长线例如 AA'上取点 a,过该点作一垂直的截面 $abcde$. 然后取线段 $aa'=AA'$,并过点 a'作另一个垂直截面 $a'b'c'd'e'$. 因为垂直截面所在的平面是平行的,所以我们有 $bb'=cc'=dd'=ee'=AA'$(§14). 因此,多面体 ae'为直棱柱(其底面为构造的截面). 我们来证明它的体积等于给定的斜棱柱的体积.

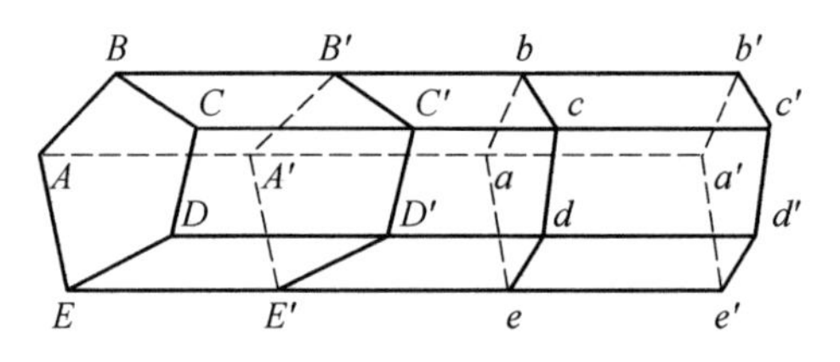

图 2.2.4

对此,我们首先注意到多面体 Ae 和 $A'e'$ 是全等的. 实际上,线段 BB', CC',…,ee'与 AA'相等且方向相同. 因此,如果我们沿着侧棱滑动第二个多面体,使顶点 A'与第一个多面体的顶点 A 重合,那么所有其他相应的顶点 B'与 B,C'与 C,……,e'与 e 也会重合. 从而第二个多面体重叠于第一个多面体.

现在我们注意到,在直棱柱 ae'加上多面体 Ae,或斜棱柱 AE'加上多面体 $A'e'$(等于 Ae),得到的是相同的多面体 ae. 由此可见,两个棱柱 ae'和 AE'的体积相等.

§64 平行六面体的体积.

定理. 平行六面体的体积等于高与底面积的乘积.

对于长方体,我们已经证明了这个定理;现在我们证明它对于直平行六面体成立,然后对于斜平行六面体也同样成立.

(1)设 AC'为直平行六面体(图 2.2.5),即它的底面 $ABCD$ 是任意平行四边形,所有的侧面都是矩形. 把侧面的 $AA'B'B$ 作为一个新的底面,这样就得到了斜平行六面体. 考虑到它是斜棱柱的一个特例,我们从§63 的引理中得出结论,这个平行六面体与高为 BC,底为垂直截面 $PQQ'P'$的平行六面体相等. 四边形 $PQQ'P'$的角是直二面角的平面角,所以它是一个矩形.

因此，以 $PQQ'P'$ 为底的直平行六面体一定是长方体，因此其体积等于其三个维度 QQ'，PQ，BC 的乘积. 又 PQ，BC 的乘积表示平行四边形 $ABCD$ 的面积. 因此

$$V_{AC'}=S_{ABCD}\cdot QQ'=S_{ABCD}\cdot BB'$$

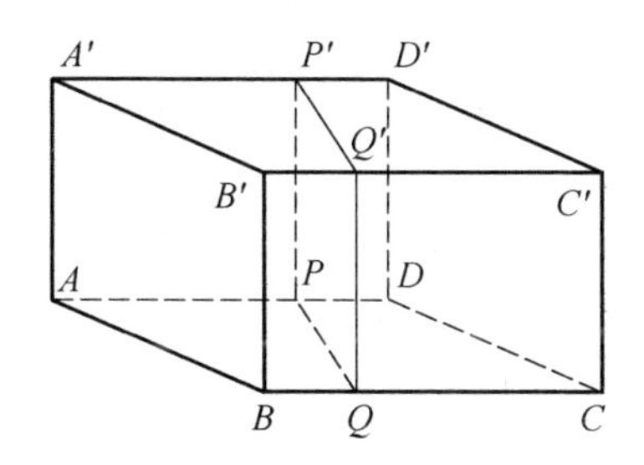

图 2.2.5

(2)设 AC' 是一个斜平行六面体的体对角线(图 2.2.6). 它等积于这样一个直平行六面体，其高是棱 BC，而底面是垂直于棱 AD 和 AC 的横截面 $PQQ'P'$，但根据情况(1)，斜棱柱的体积等于高和底面积的乘积，即

$$V_{AC'}=BC\cdot S_{PQQ'P'}$$

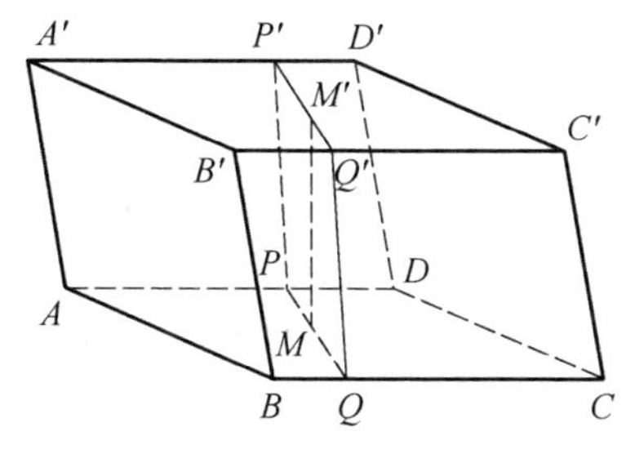

图 2.2.6

如果 MM' 是截面 $PQQ'P'$ 的高，那么 $PQQ'P'$ 的面积等于 $PQ\cdot MM'$，因此

$$V_{AC'}=BC\cdot PQ\cdot MM'$$

其中积 $BC\cdot PQ$ 表示平行四边形 $ABCD$ 的面积，但线段 MM' 是相对底面 $ABCD$ 的高还有待证明.

实际上，横截面 $PQQ'P'$ 垂直于直线 BC，因此 BC 垂直于横截面平面内的任何一条直线，例如 MM'. 另一方面，平行四边形 $PQQ'P'$ 的高 MM' 垂直底边 PQ. 因此，MM' 垂直于平面 $ABCD$ 内的两条相交线(BC 和 PQ)，因此垂直该

平面.

因此,平行六面体 AC'的体积等于高 MM'与底面 $ABCD$ 的面积的乘积.

§65 棱柱的体积

定理 棱柱的体积等于高与底面积的乘积.

我们首先对三棱柱加以证明,然后再推广到任意的棱柱.

(1)通过三棱柱 $ABCA'B'C'$(图 2.2.7)的侧棱 AA',作与面 $BB'C'C$ 平行的平面,过棱 CC'作平行于面 $ABB'A'$的平面,然后延伸两个底面与所作的平面相交.平行六面体 BD'被对角面 $ACC'A'$分成两个三棱柱,其中 AC'是给定的三棱柱,我们来证明这些棱柱是等积的.为此,画一个垂直横截面 $abcd$.它是

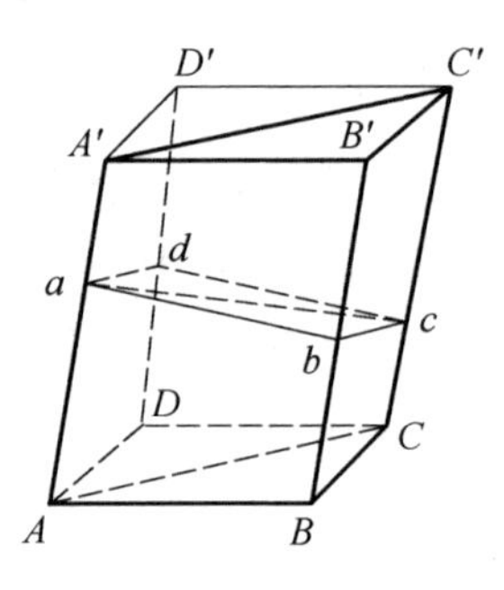

图 2.2.7

一个平行四边形,它的对角线 ac 将其分成两个全等的三角形.给定的棱柱相当于高为侧棱 AA'、底面为三角形 abc 的棱柱.另一个三棱柱相当于以 AA'为高,并以三角形 ADC 为底面的直棱柱.但两个具有同底等高的直棱柱可以相互重叠,因此是全等的.所以棱柱 $ABCA'B'C'$和 $ADCA'D'C'$是等积的.因此,给定棱柱的体积等于平行六面体 BD 的体积的一半.如果我们用 V 表示给定棱柱的体积,用 h 表示它的高,就会发现

$$V=\frac{S_{ABCD}\cdot h}{2}=\frac{S_{ABCD}}{2}\cdot h=S_{ABC}\cdot h$$

(2)通过任意给定棱柱的侧棱 AA'(图 2.2.8),作所有对角面 $AA'C'C$,$AA'D'D$,将给定的棱柱分成几个三棱柱.这些棱柱的体积之和等于给定棱柱的体积.如果我们用 a_1,a_2,a_3 表示这些三棱柱底面的面积,用 h 表示它们的公共高,用 V 表示体积,那么我们发现

$$V=a_1\cdot h+a_2\cdot h+a_3\cdot h=(a_1+a_2+a_3)\cdot h=S_{ABCDE}\cdot h$$

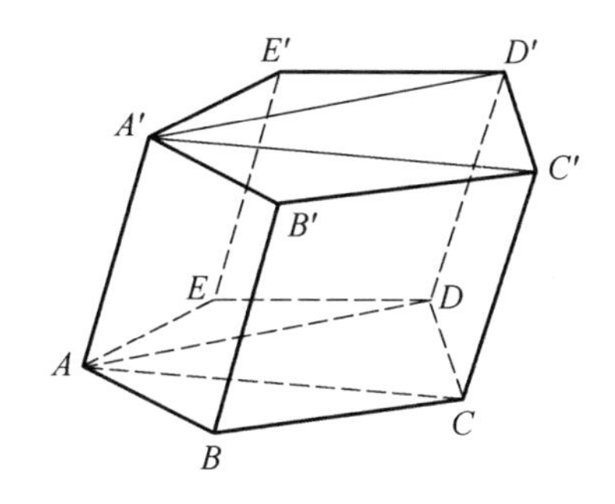

图 2.2.8

推论 1 与§63 的结果进行比较,得出斜棱柱垂直截面面积与底面积之比等于高与侧棱的比.

推论 2 如果一个多边形(图 2.2.4 中的 *abcde*)是给定多边形的正交投影(*ABCDE*),那么该投影的面积等于给定多边形面积与这两个平面之间夹角的余弦的乘积.

实际上,如图 2.2.4 所示的斜棱柱,其高与侧棱的比是它们之间夹角的余弦.这个角与由底面和垂直截面形成的最小二面角的平面角都等于直角.

§66 卡瓦列里原理

17 世纪意大利数学家卡瓦列里提出了以下命题.对于夹在两个平行平面之间的给定的两个几何体(无论是以平面还是曲面为边界),被平行于这两个平面的任意平面所截,如果所得的两个截面面积相等,那么,这两个立体图形的体积相等.

要证明卡瓦列里原理是正确的,需要用到高等数学的方法,我们只在几种特殊情况下验证这个原理.

例如,当两个棱柱(无论底面是三角形还是多边形)具有相等的高和相等底面积时,卡瓦列里原理是成立的(图 2.2.9).众所周知,这些棱柱体积相等.另一方面,如果这样的棱柱被放置在同一平面上,那么每一个平行于这些棱柱的底面且与其中一个棱柱相交的截面与另一个棱柱也相交,并且横截面全等(因为它们与各自的底面积相等).因此,卡瓦列里原理在这种情况下是成立的.

卡瓦列里的原理也适用平面几何.也就是说,对于夹在两条平行直线之间

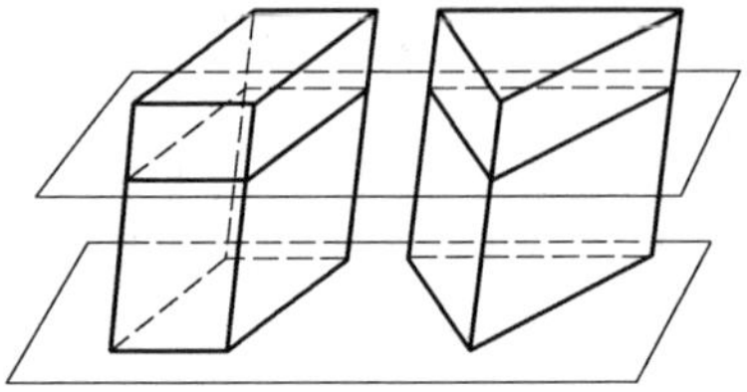

图 2.2.9

的两个平面图形，被平行于这两条直线的任意直线所截，如果所得的两条截线长度相等，那么这两个平面图形的面积相等. 两个等底且等高的平行四边形或三角形(图 2.2.10)是展示这个定理的很好的例子.

下面的引理证明了三棱锥情况下卡瓦列里原理成立.

图 2.2.10

§67　引理

高度相同，底面积相等的三棱锥的体积相等.

将若干三棱锥放在同一平面上，将它们的共同高任意分成 n 等份(图 2.2.11，其中 $n=4$)，过分点作平行底面的平面. 由于底面 ABC 和 $A'B'C'$ 的面积相等，所以一个三棱锥的截面三角形与另一个三棱锥的截面三角形的面积相等(§58 推论 2). 在每个棱锥的内部，构建一系列棱柱，使得截面三角形是它们的上底面，其侧棱分别平行于一个三棱锥的棱 SA 与另一个三棱锥的棱 $S'A'$，每个棱柱的高都等于棱锥的高的$\frac{1}{n}$. 在每个棱锥中都会有 $n-1$ 个这样的棱柱. 从顶点到底面，依次用 $p_1, p_2, \cdots, p_{n-1}$ 表示棱锥 S 中的棱柱的体积，同样，用 $p'_1, p'_2, \cdots, p'_{n-1}$ 表示棱锥 S' 中的棱柱的体积. 然后，我们有

$$p_1=p'_1, p_2=p'_2, \cdots, p_{n-1}=p'_{n-1}$$

因为相对应的棱柱都有相等的底面和相等的高. 所以

$$p_1+p_2+\cdots+p_{n-1}=p'_1+p'_2+\cdots+p'_{n-1}$$

当高的等分数 n 无限增大，两个棱锥也如上随之进行相同的变化. 让我们证明上式等号两端的内接棱柱的体积之和的极限分别等于这两个棱锥的体积，即左边棱锥 S 的体积 V 和右边 S'的体积 V'. 因为无限序列只有唯一一个极限值，所以就会有极限 $V=V'$.

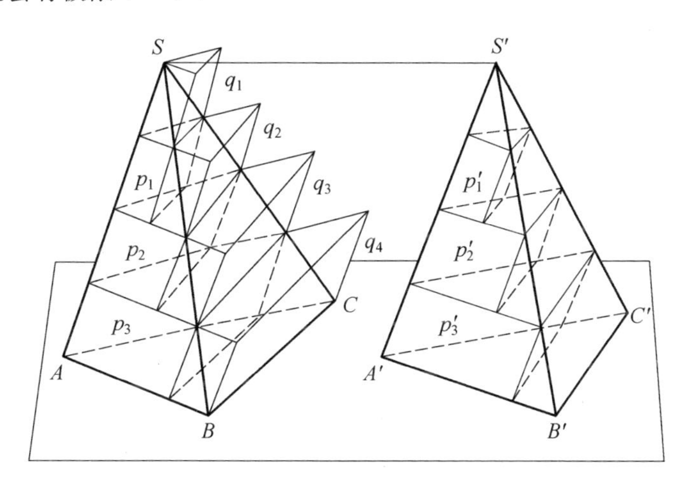

图 2.2.11

为了证明当 n 无限增大时，左端趋向于 V，在棱锥 S 中构造另一系列棱柱（部分位于棱锥之外），使得截面三角形是其下底面，侧棱与 SA 平行，高等于棱锥高的$\frac{1}{n}$. 从而有 n 个这样棱柱. 从顶点到底面依次用 $q_1,q_2,\cdots,q_n$ 表示它们的体积. 不难看出

$$q_1=p_1,q_2=p_2,\cdots,q_{n-1}=p_{n-1}$$

从而

$$(q_1+q_2+\cdots+q_{n-1}+q_n)-(p_1+p_2+\cdots+p_{n-1})=q_n$$

由于三棱锥 S 被 n 个棱柱完全覆盖，我们得到

$$p_1+p_2+\cdots+p_{n-1}<V<q_1+q_2+\cdots+q_n$$

因此

$$0<V-(p_1+p_2+\cdots+p_{n-1})<q_n$$

当 n 无限增大时，底部棱柱的体积趋于 0（因为它的高趋向于 0，而底面 ABC 保持不变）. 因此，$V-(p_1+p_2+\cdots+p_{n-1})$仍为正，也趋向于 0. 根据极限的定义，这意味着 $p_1+p_2+\cdots+p_{n-1}$趋于 V.

显然,同样的讨论也适用于任何三棱锥.例如 S',我们得出的结论是 $p_1+p_2+\cdots+p_{n-1}$ 趋于棱锥 S' 的体积 V'.正如我们前面所注意到的,这意味着 $V=V'$,即两个棱锥的体积是相等的.

注 有必要提及这样一个包含极限的详细论证,即两个等体积的立体不可能轻易地通过将一个分割成小块并重组而变成另一个,但这对平面几何中的等面积的多边形来说是可以做到的.也就是说,存在着等体积的四面体(特别地,可以是等底且等高的),它们不可能分割为有限个小四面体,使这两组小四面体彼此全等.在 1901 年,由德国数学家马克斯·德恩证明了这一不可能结论的正确性(即使在切割之前允许将相同的辅助多面体块添加到四面体上,仍然是不可能的),这正是希尔伯特第 3 问题的解.希尔伯特在 1900 年国际数学家大会上提出了 23 个具有挑战性的问题(其中一些仍未解决),第 3 问题也许是最容易理解的一个.

§68 棱锥的体积

定理 任何棱锥的体积等于底面积与高的乘积的三分之一.

我们首先证明这个定理对三棱锥成立,然后证明对一般的棱锥也成立.

(1)在三棱锥 $SABC$ 的底面上(图 2.2.12)构造棱柱 $ABCSDE$,使其高与棱锥的高相等,一条侧棱与 AS 重合.我们证明三棱锥的体积等于这个棱柱体积的三分之一.为此,在棱柱中割去棱锥,剩下的部分是以 S 为顶点,以 $BCED$ 为底面的四棱锥 $SBCE$.用过顶点和底面对角线 DC 的平面将这个棱锥划分为两个三棱锥.它们具有相同的顶点和在同一平面内的全等的底面 BCD 和 CDE,因此,根据上述引理,它们是相等的.将其中之一 $SBCD$ 与给定的棱锥 $SABC$ 进行比较.它们以公共点 C 为顶点,底面 SAB 和 SDB 全等且在同一平面内.因此,同样由引理可知,这两个棱锥也全等.因此,棱柱 $ABCSDE$ 分割为 3 个全等的棱锥 $SABC$,$SBCD$ 和 $SCDE$.如果用 V 表示给定棱锥的体积,用 a 表示底面 ABC 的面积,用 h 表示高,我们发现

$$V=\frac{V_{ABCSDE}}{3}=\frac{a\cdot h}{3}=a\cdot\frac{h}{3}$$

(2)过棱锥 $SABCDE$ 底面的任意顶点 A(图 2.2.13),作所有对角线 AC,AD.然后过棱 SA 和每条对角线作截面.这些平面将棱锥分割为三个三棱锥,它们的高与给定的棱锥的高相同,记为 h,用 a_1,a_2,a_3 表示这些三棱锥的底面

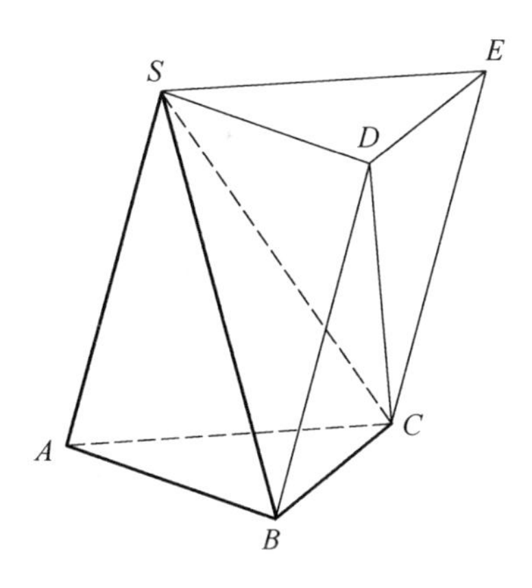

图 2.2.12

积. 根据(1), 我们有

$$V_{SABCDE}=a_1\cdot\frac{h}{3}+a_2\cdot\frac{h}{3}+a_3\cdot\frac{h}{3}=(a_1+a_2+a_3)\cdot\frac{h}{3}=a\cdot\frac{h}{3}$$

这里面的 $a=a_1+a_2+a_3$.

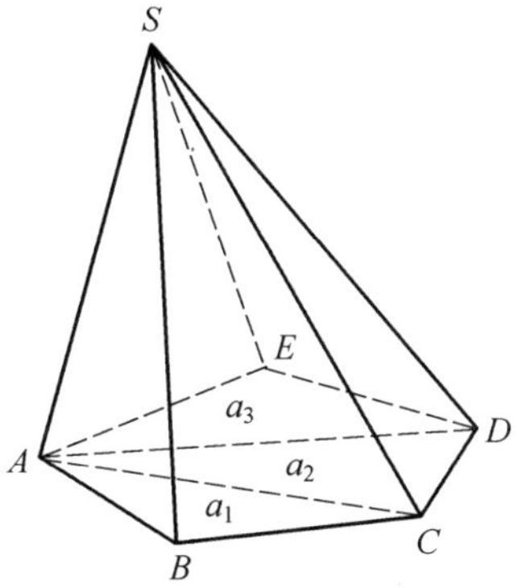

图 2.2.13

练　　习

1. 计算侧棱为 l, 底面面积为 a 的正三棱柱体积.

2. 用对角线 x, y, z 表示长方体的体积.

3. 计算侧棱为 l, 底面边长为 a 的正三棱锥的体积.

4. 计算棱柱的体积，该棱柱的所有面均为边长为 a，有一个角是 60° 的菱形.

5. 计算棱锥的体积，其侧棱与底面成 60°，底面是一个角为 30°，斜边为 c 的直角三角形.

6. 在高度为 h 的棱锥中，一个平行于底面的平面，将棱锥分成体积相等的两部分. 计算这个平面与顶点的距离.

7. 计算高为 h 且高与边心距成 30° 的正六棱锥的体积和侧面积.

8. 在三个平面角都是直角的三面角 $SABC$ 的侧棱上，截取线段 $SA=a$，$SB=b$，$SC=c$，作过点 A，B，C 的平面截三面角 $SABC$. 计算截得的棱锥 $SABC$ 的体积.

9. 计算侧面互相垂直，且面积分别为 a^2，b^2，c^2 的三棱锥的体积.

10. 计算一个三棱锥的体积，其侧棱与底面成 45°，且棱长分别是 a，b，c.

11. 计算一个三棱锥的体积(可能是斜的)，它的一个侧面的面积是 S，且其到对边的距离是 d.

12. 计算底面积为 4 cm²，侧面积分别为 9 cm²，10 cm²，18 cm² 的三棱锥的体积.

13. 计算一个正四棱锥的体积，其底面边长为 a，顶点处二面角的平面角与侧棱和底面所成的角相等.

14. 已知两个底都是正六边形，且边长分别为 $a=23$ cm，$b=17$ cm 的棱台的体积 $V=1\ 465$ cm³. 求这个棱台的高.

15. 证明：一个棱台的体积等于三个同高度的棱锥的体积之和，其中棱锥的底面面积分别等于上底面面积、下底面面积及其几何平均值.

16. 证明：平分一个四面体 $ABCD$ 的二面角 AB 的平面将对棱 CD 分成的线段之比等于面 ABC 和面 ABD 的面积之比.

17. 是否存在高分别为 1 cm，2 cm，3 cm 和 6 cm 的四面体？提示：使用§65 的推论 2.

第3节 多面体的相似性

§69 定义

如果两个多面体的多面角分别全等且对应面分别相似，那么称它们为相似多面体. 例如，任意两个立方体都是相似的. 相似多面体的对应元素称为位似元素.

根据这一定义，在相似的多面体中：

(1)因为多面角全等，所以位似的二面角全等且位置相似；

(2)位似的棱成比例，因为在位似棱之间的相似面的比都是相同的，并且每个多面体中相邻面上都有一条公共棱.

在图 2.3.1 中的例子中，具有正方形底面的两个长方体(一个的维度为 a, a, $2a$，另一个的维度为 $2a$, $2a$, a)的多面角分别全等且面对应相似. 但这两个长方体并不相似，因为侧面的位置不同(也就是说，在一个长方体中，与底面相邻的棱较短，而另一个中却较长). 特别地，这两个长方体的对应边之间不成比例.

为了作出与任何给定多面体相似的多面体，让我们在空间中引入位似的概念.

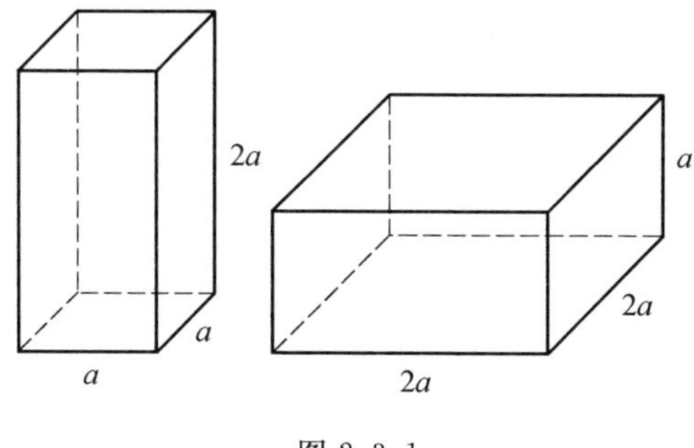

图 2.3.1

§70 位似

对给定几何图形 Φ(图 2.3.2)以及一点 S 和一个正数 k，可以定义一个以 S 为位似中心，k 为位似系数的 Φ 的位似图形 Φ'，即在图形 Φ 上取一点 A，在射

线 SA 上取点 A'，使 $SA':SA=k$. 如此，图形 Φ 的每一点 A 的对应点 A' 的几何轨迹 Φ' 与图形 Φ 位似.

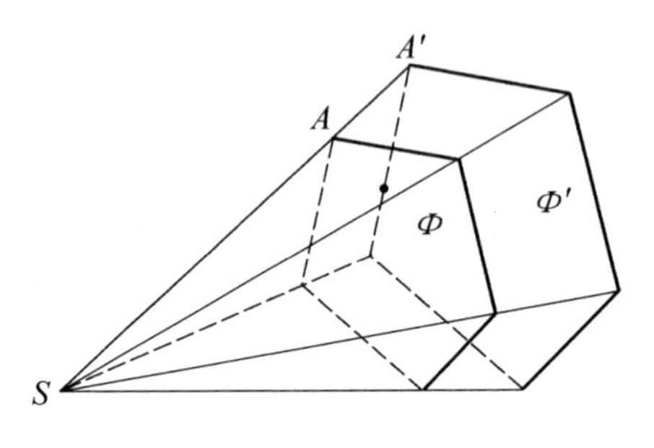

图 2.3.2

显然，图形 Φ 是图形 Φ' 的以 S 为中心、位似系数 k 的倒数为位似系数的位似图形.

很容易看出，对于给定的平面，以不在其内的一点为位似中心，其位似图形是与该平面平行的另一个平面.

有些图形是可以与其自身位似的，即使位似系数 $k\neq1$. 例如，对于二面角，位似中心 S 在其棱上的任何位置时(图 2.3.3)，它就与其自身位似. 同样，任何多面角都与其自身是位似的，只要选择其顶点作为位似中心即可(图 2.3.2).

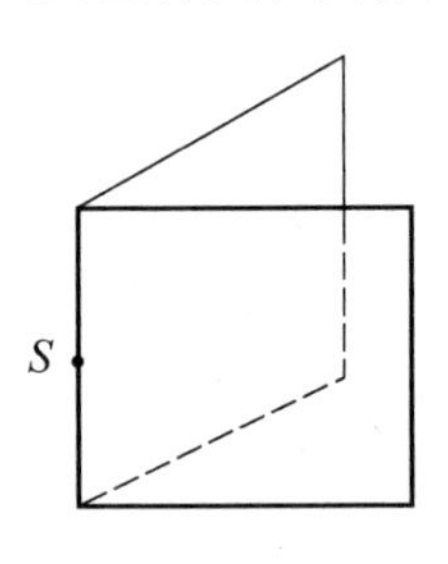

图 2.3.3

注 我们可以用负系数 k 来定义位似，这在平面几何中已经接触过，即要求点 A 的位似点 A' 不在射线 SA 上，而是在中心 S 之外的延长线上. 不难看出，在负位似系数的情况下，给定多面角的以其顶点为位似中心的位似图形，在 §49 中的意义就是与这个多面角对称的多面角.

§71 引理

一个给定图形的具有相同位似系数但不同位似中心的两个位似图形全等.

实际上,令 S 和 S'(图 2.3.4)是两个位似中心,令 A 是给定图形上的任意点.用 B 和 B' 表示点 A 以相同位似系数,并分别以 S 和 S' 为位似中心得到的位似点.我们假设 $k>1$,对于 $k<1$(包括取负值)的情形是类似的,作为练习留给读者.在同一平面上的三角形 SAS' 和三角形 BAB' 中,顶点 A 处的两个角相等(竖向的对顶角),与其相连的边对应成比例.实际上,因为 $BS:AS=k=B'S':AS'$,我们有 $BA:SA=k-1=B'A:S'A$.因此,这两个三角形是相似的.特别地,$\angle B'BS=\angle BSS'$,$BB':SS'=k-1$.所以线段 BB' 与 SS' 平行,其长度等于 SS' 长度的 $k-1$ 倍,其方向与 SS' 的方向相反(在 $k<1$ 的情况下,方向是相同的).

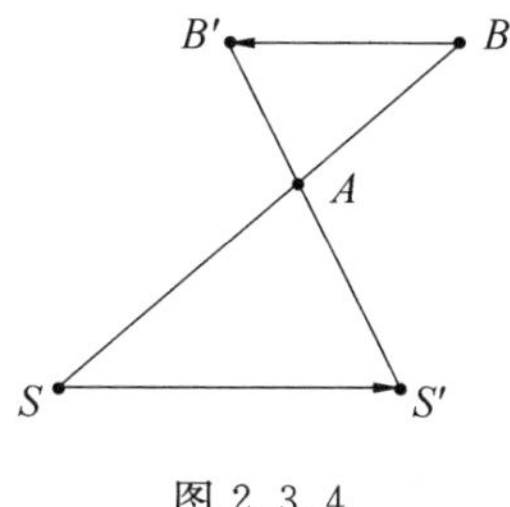

图 2.3.4

我们得出的结论是,取点 A 的以 S 为位似中心的位似点 B,然后把它沿着与 S 和 S' 连线平行,但方向相反的移动到距离点 $B(k-1)SS'$ 处,得到的点 B' 就是点 A 的以 S' 为位似中心的位似点.

在这个讨论点中,点 A 可以是给定图形中的任意点.因此,如果 ϕ 和 ϕ' 是给定图形的以相同位似系数 $k>1$ 但不同的位似中心 S 和 S' 的位似图形,那么图形 ϕ 可以重叠于 ϕ',只要将 ϕ 整体沿与 SS' 平行且相反的方向移动 $(k-1)SS'$ 的长度.因此,ϕ 和 ϕ' 是全等的.

§72 关于平移的注

在平面几何中,将一个几何图形上的所有点沿平行于给定线段的方向移动给定距离的几何变换被称为平移.平移的概念可以推广到立体几何中.

例如,将给定的多边形 $ABCDE$(图 2.3.5)沿着与其所在平面不平行的方向平移,我们得到另一个多边形 $A'B'C'D'E'$,它与给定的多边形全等且平行.线段 AA',BB' 等是平行的、相等的且同方向的.因此,四边形 $AA'B'B$,$BB'C'C$ 等是平行四边形,从而,给定的多边形和平移得到的多边形是同一棱柱的两个底面.

利用平移的概念,我们对引理的证明可以归纳为图形的几何变换意义下的表述:系数相同但中心不同的两个位似图形是彼此的某个适当平移.

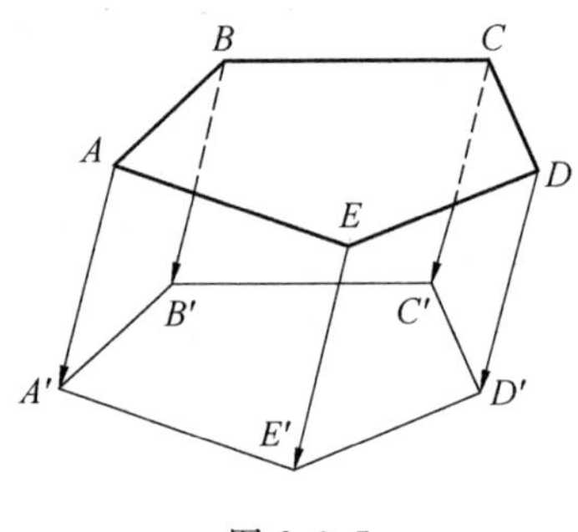

图 2.3.5

§73 推论

(1)给定的多面角与具有正位似系数的位似多面角是全等的.事实上,当位似中心是顶点时,原多面角与其位似多面角是相同的.然而,根据引理,选择另外的位似中心会产生全等的位似多面角.

(2)给定多边形与其位似多边形都相似.事实上,这在平面几何中是正确的,只要把位似中心取在多边形所在平面内即可.因此,根据引理,这对于选择的其他任何位似中心都是正确的(因为与某个多边形相似的任何多边形都是相似的).

(3)给定多面体与其正位似系数的位似多面体相似.显然,位似多面体的对应元素彼此位置相似,从前两个推论可以看出,这类多面体的多面角分别全等,相应的面相似.

§74 定理

如果两个多面体相似,那么每一个多面体的位似多面体都与另一个多面体的位似多面体全等.

由于位似多面体的位似顶点上的多面角全等，所以我们可以将第一多面体的一个多面角重叠到第二个多面体中的位似多面角上. 设 $SABCDE$(图 2.3.6)是给定的多面体 P. 令 $SA'B'C'D'E'$ 是与其相似的多面体 P'，放置方式为在顶点 S 处两个位似多面角重合. 令两个位似棱 SA 和 SA' 的比 $SA':SA=k$. 我们将证明多面体 P 的关于中心 S，相似系数为 k 的位似多面体 Q 与 P' 全等. 为此，注意多面体 Q 和 P' 的棱分别相等，因为它们是 P 的在同一相似系数 k 下的位似棱. 多面体 P' 的棱 SA'，SB'，SC'，SD' 的端点 A'，B'，C'，D' 也是多面体 Q 的顶点. 因此多边形 $SA'B'$，$SB'C'$，$SC'D'$，$SD'A'$ 是这两个多面体的公共面. 进一步，由于多面体 Q 和 P' 所有位似的二面角全等，Q 的与棱 $A'B'$，$B'C'$ 相邻的面所在的平面与 $A'B'E'$，$B'C'E'$ 重合. 因此，Q 和 P' 在顶点 B' 的多面角重合. 类似于我们比较与 Q 和 P' 的公共多面角 S 相邻的棱和面，我们现在可以继续观察它们的多面角 B'. 例如，射线 $B'E'$ 是这两个多面体中多面角的棱，并且因为它们的棱是彼此相等的，棱 $B'E'$ 的端点 E' 为它们的公共顶点. 因此，我们发现多面体 Q 和 P' 重合，因为它们有共同的顶点(Q 和 P' 的更多元素被展示在图 2.3.6 中，我们可以逐次比较彼此的面、棱和顶点，得出其重合的结论.)

因此，与给定多面体 P 相似的多面体全等于与其位似多面体 Q.

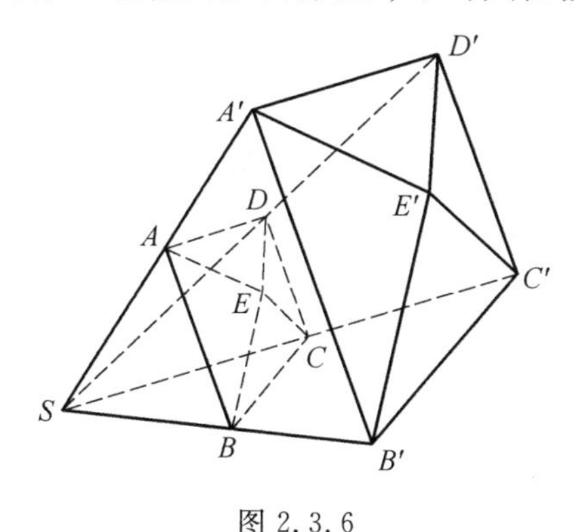

图 2.3.6

§ 75 任意几何图形的相似

可以给出相似的一般定义：如果两个几何图形中的一个与另一个的位似图形全等，那么它们是相似的. § 72 的引理表明，这个定义与位似中心的位置无关：当一个给定的图形在一个位似中心下与一个图形的位似图形全等，只要位似系数保持不变，那么它与其他位似中心下的另一个图形的位似图形也全等.因此，这一定义充分表达了相似的思想，即“有相同的形状，但大小可能不同”.

为了与§69中给出的相似多面体的定义保持一致，我们需要假定任意相似图形的定义中的位似系数是正的.那么，前面的定理和§73的推论(3)表明，当两个多面体在原来意义上相似时，它们在这个新的意义下也是相似的，反之亦然.

§76 定理

在棱锥($SABCDE$，图 2.3.7)中，如果作与底面平行的截面，那么会截出另一个与原棱锥相似的棱锥($SA'B'C'D'E'$).

根据§58中定理的第(1)部分，这两个棱锥的侧棱成比例.设 $k=SA'$ ∶ SA，以 S 为位似中心，k 为位似系数，作给定棱锥的位似图形.那么，所得的图形将是一个多面体，其顶点为 A',B',C',D',E' 和 S，即它是棱锥 $SA'B'C'D'E'$.由于位似多面体是相似的，从而定理成立.

§77 定理

相似多面体的表面积之比等于其位似棱的平方之比.

令 $A_1,A_2,\cdots,A_n$ 表示一个相似多面体的各个面的面积，$a_1,a_2,\cdots,a_n$ 是其各个位似面的面积.记 L 和 l 为任意两个位似棱的长度.那么，由于位似面相似，与位似棱有如下比例关系

$$\frac{a_1}{A_1}=\frac{l^2}{L^2},\frac{a_2}{A_2}=\frac{l^2}{L^2},\cdots,\frac{a_n}{A_n}=\frac{l^2}{L^2}$$

根据等比的性质，有

$$\frac{a_1+a_2+\cdots+a_n}{A_1+A_2+\cdots+A_n}=\frac{l^2}{L^2}$$

§78 定理

相似多面体的体积之比等于其位似棱的立方之比.

首先考虑棱锥的情况.令 $SABCDE$(图 2.3.7)是一个给定棱锥，L 是其一棱的长度，例如 SA，并且 $l<L$ 是与它相似的第二个棱锥的位似棱的长度.在给定棱锥的高 SO 上，取点 O'，使得 SO' ∶ $SO=l$ ∶ L，并过 O' 作平行于底面的

截面.那么由这个平面截得的棱锥 $SA'B'C'D'E'$ 与给定的棱锥位似,位似系数等于 $l:L$,因此与第二个棱锥全等.记 V 和 v 分别表示棱锥 $SABCDE$ 和 $SA'B'C'D'E'$ 的体积,证明 $v:V=l^3:L^3$.为此,我们注意到,根据§58的定理,这些三棱锥的高与它们的侧棱成比例,并且底面是相似的多边形.因此,如果 a 和 a' 表示底面 $ABCDE$ 和 $A'B'C'D'E'$ 的面积,那么

$$\frac{SO'}{SO}=\frac{l}{L},\frac{a'}{a}=\frac{l^2}{L^2}$$

因为

$$V=\frac{1}{3}a\cdot SO,v=\frac{1}{3}a'\cdot SO'$$

我们得到

$$\frac{v}{V}=\frac{a'}{a}\cdot\frac{SO'}{SO}=\frac{l^2}{L^2}\cdot\frac{l}{L}=\frac{l^3}{L^3}$$

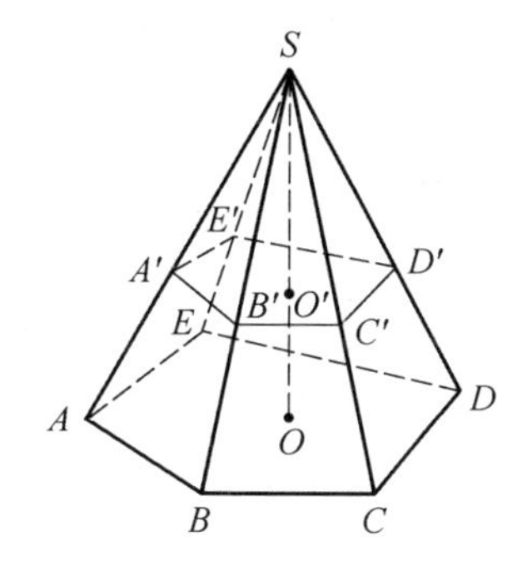

图 2.3.7

现在,假设给定两个相似的多面体,其体积分别为 V 和 v,一对位似棱的长度为 L 和 l.在第一个多面体的内部,取一个点 S(图 2.3.8),将其与所有顶点 A,B,C 等联结起来,并过点 S 和多面体的每条棱作平面 SAB,SBC,等等.那么,这些平面将多面体分割为具有公共顶点 S 的棱锥 $SABCF$,$SBCD$ 等,其底面合起来就是给定多面体的底面(我们通常考虑的是凸多面体,但对非凸多面体该定理也成立,但分割过程中还是要分成凸多面体).记 $V_1,V_2,\cdots,V_n$ 是这些棱锥的体积.如果应用以 S 为中心和位似系数等于 $l:L$ 的位似变换,那么能得到一个与第二个给定多面体全等的多面体,并分割为位似于 $SABCF$,$SBCD$ 等的棱锥.记 $v_1,v_2,\cdots,v_n$ 是这些棱锥的体积.那么

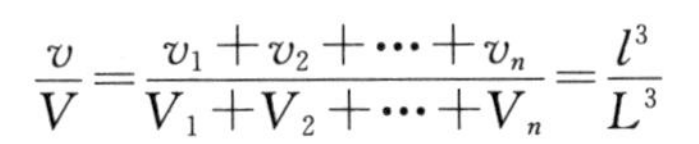

$$\frac{v_1}{V_1}=\frac{l^3}{L^3};\frac{v_2}{V_2}=\frac{l^3}{L^3};\cdots;\frac{v_n}{V_n}=\frac{l^3}{L^3}$$

因此

$$\frac{v}{V}=\frac{v_1+v_2+\cdots+v_n}{V_1+V_2+\cdots+V_n}=\frac{l^3}{L^3}$$

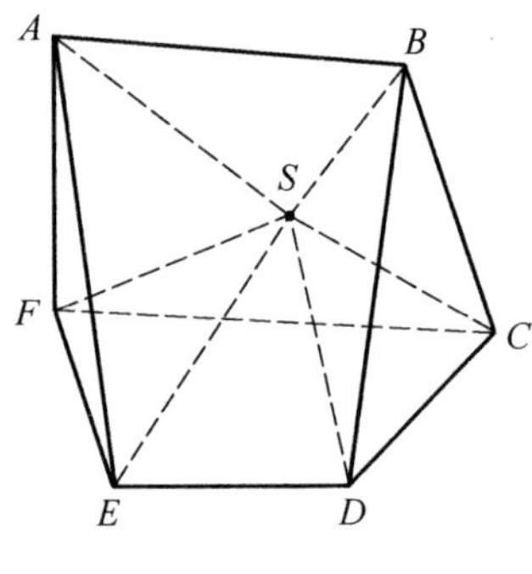

图 2.3.8

练　　习

1. 证明：两个正 n 棱锥相似，当且仅当它们在顶点的平面角全等.

2. 找出相似的正棱柱.

3. 证明：如果两个棱锥的底面和侧面分别相似，其二面角分别全等且位置相似，那么它们是相似的.

4. 证明：上题对棱柱也成立.

5. 证明：一条直线(平面)以不在其上的点为位似中心的位似图形是一条平行于它的直线(平面).

6. 在位似系数 $k<1$ 的情况下，给出 § 71 引理的证明.

7. 证明：如果两个图形中的一个与另一个的位似图形全等，那么反之亦然，即另一个图形与第一个图形的位似图形也全等.

8. 证明：相同体积(或相等表面积)的相似多面体全等.

9. 给定一个棱长为 a 的立方体，求出另一个立方体的棱 x，使得它的体积是给定立方体的两倍.

注　这个倍立方体问题，古已有之，很容易通过计算解决(即 $x=\sqrt[3]{2a^3}=$

$\sqrt[3]{2a}=a\times1.259\ 921\cdots$),但它不能通过直尺和圆规作图得到.

10. 一个平行于棱锥底面的平面应该以多大的比例将其高分割,使得截得的两部分的体积比为 $m:n$?

11. 一个高为 h 的棱锥被平行于底面的两个平面分成三部分,其体积比为 $1:m:n$,计算顶点到这两个平面的距离.

12. 两个相似多面体的总体积为 V,且它们的位似棱的比为 $m:n$,计算它们的体积.

第 4 节 空间图形的对称性

§ 79 中心对称

对于两个几何图形,被称为关于一个点 O 对称,如果其中一个图形上的每个点 A 都有另一个图形上的对应点 A',使得点 O 是线段 AA' 的中点,并称点 O 为对称中心.

因此,为了找到给定的图形 ϕ 关于中心 O 对称的图形 ϕ',需要对图形 ϕ 上的每一点 A 与中心 O 的连线 AO 延长至 A',使得线段 OA' 与 AO 相等. 那么,所有点 A' 的几何轨迹就是所要求的对称图形 ϕ'.

在 § 49 中,我们遇到的给定多面角关于顶点对称的多面角,就是中心对称图形的例子. 此外,中心对称也是负系数位似的一个特例:给定图形的位似系数 $k=-1$ 的位似图形就是以位似中心为对称中心的对称图形.

在中心对称图形中,某些位似元素,如线段、平面角或二面角,是全等的. 然而,图形整体上不必全等,因为一般来说,它们不能相互重叠. 我们在对称多面角的例子中已经看到了这种现象.

然而,有时中心对称图形是全等的,但重叠的元素是非位似的. 例如,考虑以 O 为顶点,棱为 OX,OY,OZ 的三面角(图 2.4.1(a)),它的所有的平面角都是直角. 考虑与它对称的三面角 $OX'Y'Z'$.

将三面角 $OX'Y'Z'$ 绕直线 XX' 旋转,直到射线 OZ' 与射线 OZ 重合,然后将产生的角再绕直线 OZ 旋转,我们可以将三面角 $OX'Y'Z'$ 重叠到三面角 $OXYZ$ 上. 那么,射线 OX' 与射线 OY 重合,OY' 和 OX 重合(图 2.4.1(b)). 但是，如果我们绕直线 ZZ' 旋转三面角 $OX'Y'Z'$ 直到射线 OX'，OY' 分别与 OX，OY 重合，那么射线 OZ 和 OZ' 的方向相反(图 2.4.1(c)).

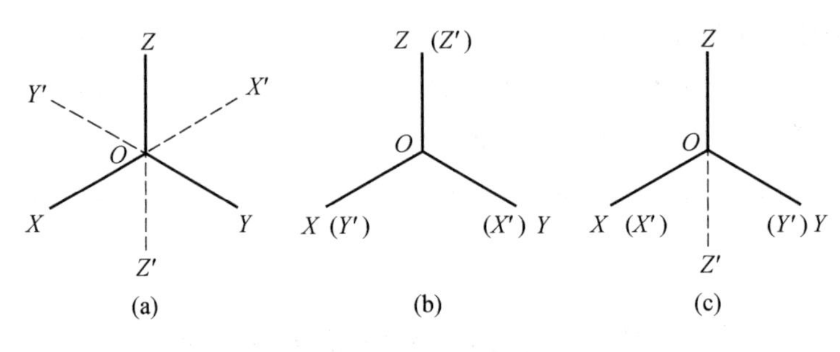

图 2.4.1

如果对于某个对称中心，给定图形的对称图形与其自身重叠，那么就说给定图形有对称中心. 例如，任何平行六面体都有对称中心，即对角线的交点(§56).

§80 左右对称

设有两个几何图形，对于给定的平面 P，如果其中一个图形上的每个点 A，在另一个图上都有一个对应点 A'，使得线段 AA' 与平面 P 垂直且被交点平分，那么称这两个图形关于平面 P 对称. 平面 P 称为这两个图形的对称平面.

在关于平面对称的图形中，对应的线段和面或二面角全等. 例如，如果点 A 和点 B 是给定图形上的任意两个点，而点 A' 和点 B' 是它们关于平面 P 的对称点(图 2.4.2)，那么线段 AB 和 $A'B'$ 相等. 实际上，因为 AA' 和 BB' 是垂直于平面 P 的，它们是平行的，特别地，是在垂直于 P 的同一平面 Q 上. 在这个平面内点 A 和点 B 关于平面 P 和平面 Q 的交线的对称点分别为点 A' 和点 B'(因为 AA' 和 BB' 与这条线垂直，并被它一分为二). 因此 $AB=A'B'$.

与中心对称的情形一样，关于平面对称的图形不一定全等. 任何图形的镜面反射所得的对称图形就是例子：每一个图形和它在镜子中的图形关于镜面对称.

如果一个几何图形与它关于某一平面的对称图形重合(换句话说，这个平面将其分成对称的两部分)，那么就说该图形有对称平面，或者称其左右对称.

在家庭和自然界中经常看到左右对称的物体(如椅子、床等). 例如，人体是左右对称的，分为左右两侧. 顺便说一句，这给出了对称图形并不全等的令人信

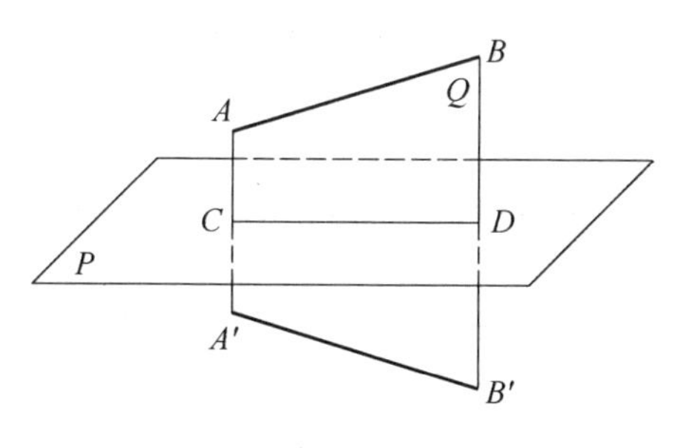

图 2.4.2

服的例子.也就是说,左手和右手是对称的,但不能重合,因为我们清楚同样的手套并不适合双手的这一事实.

关于直线对称.设有两个图形和一条直线 l,如果对于一个图形上的每个点 A,另一个图形上都有一个对应的点 A',使得线段 AA'与 l 垂直相交且被交点等分,那么称这两个图形关于直线 l 对称.直线 l 称为它们的二次对称轴.

从定义上看,如果关于一条直线对称的两个几何图形与垂直于这条直线的任何平面相交(在点 O 处),那么这两个图形的截面是关于点 O 对称的平面图形.

另外,关于一条直线对称的两个立体图形,将其中一个绕这条直线旋转 180°就会与另一个重合.实际上,想象一下所有垂直于轴对称的可能平面.这些平面中的每一个都包含两个关于平面与轴的交点对称的截面.如果一个截面通过绕对称轴在空间中旋转 180°,而使其沿着自身所在平面移动,那么其就会与第二个截面重合,这适用于垂直于轴的每个截面.由于所有截面旋转 180°相当于整个图形绕轴旋转 180°,即得到了我们所述的结论.

如果将给定图形绕一条直线旋转 180°而得到的图形与其重合,那么我们就说它有一条二次对称轴.这个名字反映了在绕"二次轴对称"旋转 360°的过程中,旋转的图形将两次占据原来的位置.

以下是一些具有二次对称轴的立体图形的例子

(1)具有偶数个侧面的正棱锥.对称轴是它的高;

(2)长方体.有三条二次对称轴,即联结对面中心的直线;

(3)侧面的个数 n 为偶数的棱柱.它有 $n+1$ 条二次对称轴,即联结相对侧棱中点的 $\frac{1}{2}n$ 条直线,联结相对面(包括底面)中心的 $\frac{1}{2}n+1$ 条直线.侧面的个

数 n 为奇数的棱柱. 它有 n 条二次对称轴,即联结侧棱的中点和相对侧面中心的直线.

§81 中心对称、左右对称与轴对称之间的关系

定理 如果两个图形与给定的图形对称,一个是关于一个点(O,图 2.4.3)对称,另一个关于过该点的平面(P)对称,那么它们关于在该点处垂直于 P 的直线对称.

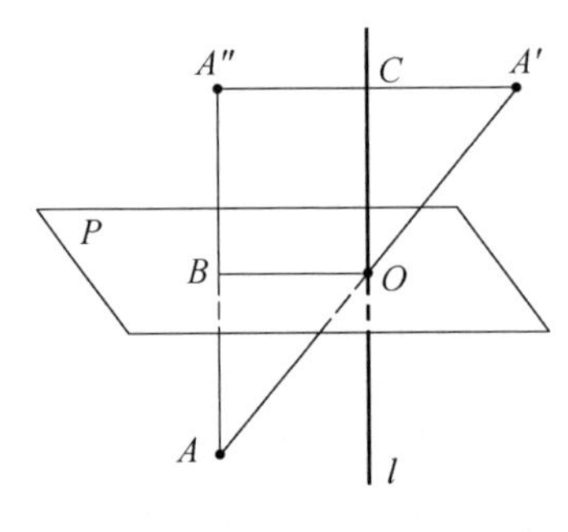

图 2.4.3

设 A 是给定图形上的一个点,它关于中心 O 的对称点为 A',关于平面 P 的对称点为 A''. 用 B 表示线段 AA'' 与平面 P 的交点. 通过点 A,点 A' 和点 A'' 作一个平面,因为这个平面内包含垂直于平面 P 的直线 AA'',所以这个平面与平面 P 垂直. 在平面 $AA'A''$ 内,通过点 O 作平行于直线 AA'' 的直线 l. 这条直线与平面 P 和直线 BO 垂直. 记 C 是 $A'A''$ 和 l 的交点.

在三角形 $AA'A''$ 中,线段 BO 是平行于 $A'A''$ 的中位线. 但是 BO 垂直于直线 l,因此 $A'A''$ 垂直于直线 l. 进一步,由于点 O 是线段 AA' 的中点,而直线 l 与 AA'' 平行,我们有 $A'C=CA''$,得点 A' 和点 A'' 关于 L 对称. 由于对给定图形的任意点 A 都是如此,我们得出结论:给定图形中的点关于中心 O 的对称点 A' 的几何轨迹与给定图形上的点关于平面 P 的对称点的几何轨迹关于直线 l 互相对称.

推论 (1)给定图形的两个关于不同对称中心的对称图形全等. 这可以由 §71 中的引理得到,因为一个给定图形的两个中心对称图形分别与它的不同位似中心但相同位似系数 $k=-1$ 的图形位似.

(2)给定图形的关于不同平面对称的两个图形全等. 实际上,对一个给定图

形，用它的全等图形替换其关于平面对称的图形，即用给定图形关于中心取在对称平面内的中心对称图形来替换. 那么，就将问题归结为前面的关于不同中心的对称图形问题.

§82 高次对称轴

如果一个图形有一条二次对称轴，它就会通过围绕这个轴旋转 180°而与本身重合. 然而，一个图形绕一条直线旋转小于 180°，也可能会与本身重合. 因此，在这个图形绕直线旋转的过程中，多次占据原图形的位置. 这种情况发生的次数(包括原始位置)称为对称次数，这条直线被称为高次对称轴. 例如，一个正三棱锥没有二次对称轴，它的高是三次对称轴. 事实上，在围绕高(图 2.4.4)旋转 120°之后，正三棱锥回到了原来的位置. 在围绕这个轴旋转的过程中，正三棱锥与本身重合三次(旋转 0°，120°和 240°).

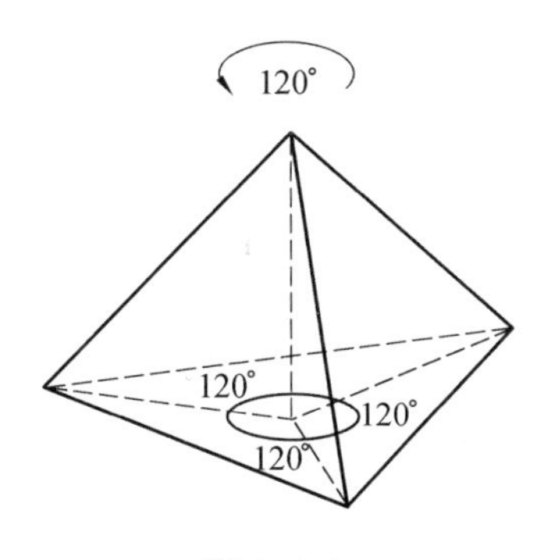

图 2.4.4

易知，任何偶数次的对称轴也是二次对称轴. 具有 n 个侧面的正三棱锥和正棱柱是有 n 次对称轴的立体图形，此时，高和底面中心的连线分别是它们的对称轴.

§83 立方体的对称性

立方体的体对角线的交点是立方体的对称中心(图 2.4.5).

立方体有 9 个对称面：6 个对角面(如 $DBFH$)和 3 个通过每四条平行边中点的平面.

立方体有 9 条二次对称轴：对边中点的连线(例如联结 AD 和 FG 的中点)有 6 条，每对相对面中心的连线有 3 条，这 3 条对称轴实际上是四次对称轴. 此

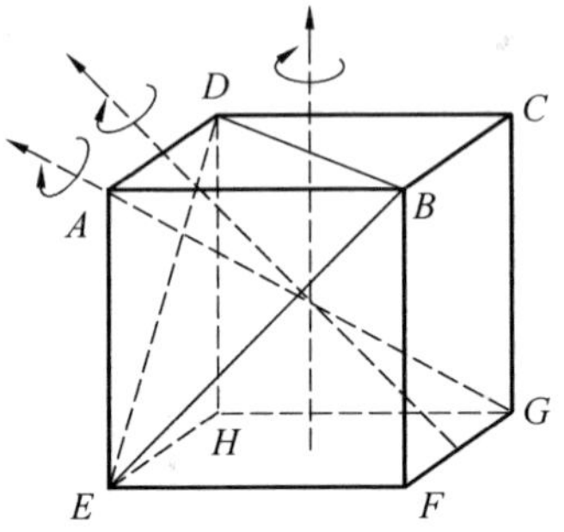

图 2.4.5

外，立方体具有 4 条三次对称轴，即对角线(例如 AG). 事实上，很明显，对角线 AG 与棱 AB，AD，AE 形成的角相等，并且这些角所成的二面角彼此相等. 如果把点 B，D，E 联结起来，那么我们得到一个正三棱锥 $ABDE$，它的对角线 AG 是高. 当立方体绕对角线旋转 120°，这个正三棱锥回到原来的位置. 与正三棱锥 $ABDE$ 中心对称的棱锥 $GHFC$ 也是如此. 因此，旋转后整个立方体回到它原来的位置. 不难看出立方体没有任何其他的对称轴.

现在让我们来看看，立方体有多少种不同旋转方式使其保持不动. 二次对称轴只给出 1 种旋转方式(不包括平凡旋转，即旋转 0°). 三次对称轴给出了 2 种方式，而四次对称轴给出了 3 种方式. 因为立方体有 6 条二次对称轴、4 条三阶对称轴和 3 条四次对称轴. 从而，我们发现不包括平凡旋转，有 $6\times1+4\times2+3\times3=23$种旋转方式使立方体与本身重合.

不难直接看到，所有 23 种旋转都是彼此不同的(例如，将顶点 A，B，C 等改变不同的位置). 再加上平凡旋转(保持每个顶点的位置不变)，一共有 24 种旋转方式将立方体与本身重合.

练　　习

1. 证明：一条直线(或一个平面)的中心对称图形是一条线(或一个平面).

2. 证明：一条直线(或一个平面)的关于平面对称的图形是一条线(或一个平面).

3. 证明：二面角与它关于任何平面对称的图形全等.

4. 一个图形是一条直线与一个平面相交但不垂直，确定这个图形的对称中心、对称轴和对称平面.

5. 确定由两条相交线所组成的图形的对称中心、对称轴和对称平面.

6. 证明:棱柱有对称中心当且仅当它的底面有对称中心.

7. 确定具有 n 个侧面的正棱柱的对称平面的个数.

8. 确定具有 n 个侧面的正棱锥的对称平面的个数.

9. 设三个图形 ϕ,ϕ',ϕ''是对称的,即 ϕ,ϕ'关于平面 P 对称,ϕ,ϕ''关于一个与平面 P 垂直的平面 Q 对称,证明:ϕ,ϕ''关于平面 P 和平面 Q 的交线对称.

10. 关于上题的图形 ϕ,ϕ'',如果平面 P 和 Q 的夹角为(1)60°;(2)45°,那么会出现什么情况?

11. 证明:如果一个图形有两个对称平面,其交角为 $\frac{180^\circ}{n}$,那么它们的相交线是 n 次对称轴.

12. 一个立方体被垂直于对角线中点的平面所截,描述一下这个截面.

13. 证明:将立方体与本身重合的 24 种方式对应于 4 条对角线的 24 种不同置换方法(包括平凡置换).

第5节　正多面体

§84　定义

如果一个多面角的所有平面角都相等且所有的二面角都相等,我们称这样的多面角为正多面角.如果一个多面体的所有面都是全等的正多边形,并且它的所有多面角都是全等的正多面角,那么称这样的多面体为正多面体.因此立方体是一个正多面体.由定义可知,在正多面体中:所有平面角全等,所有二面角都相等,所有棱都相等

§85　正多面体的分类

我们知道一个凸多面角至少有三个平面角,它们的和必须小于 $4d$(§48).

因为在一个正三角形中,每个角是 $\frac{2}{3}d$,相加 3、4 或 5 次,所得角度之和小于 $4d$,但相加 6 次及以上,所得角度之和等于或大于 $4d$.因此,面为正三角形

的凸多面角只能有三种类型：三面、四面或五面. 正方形和正五边形的角分别是 d 和 $\frac{6}{5}d$，将这些角相加 3 次，所得角的和小于 $4d$，但是相加 4 次或以上，所得角的和等于或大于 $4d$. 因此从正方形或正五边形出发，只能形成三面的凸角. 正六边形的角为 $\frac{4}{3}d$，相加 3 次或以上，所得角的和就等于或大于 $4d$. 因此，它不能作为凸多面体的面.

所以，只能出现以下五种正多面体：面是正三角形，每个顶点上有 3 个、4 个或 5 个三角形；或者面是正方形，或者是正五边形，并且在每个顶点上有三个面.

这五种类型的正多面体确实存在，通常被称为柏拉图多面体，以希腊哲学家柏拉图的名字命名.

(1)由 4 个正三角形构成的正四面体(图 2.5.1)；

(2)由 8 个正三角形构成的正八面体(图 2.5.2)；

(3)由 20 个正三角形构成的正二十面体(图 2.5.3)；

(4)由 6 个正方形构成的立方体(或六面体)(图 2.5.4)

(5)由 12 个正五边形构成的正十二面体(图 2.5.5).

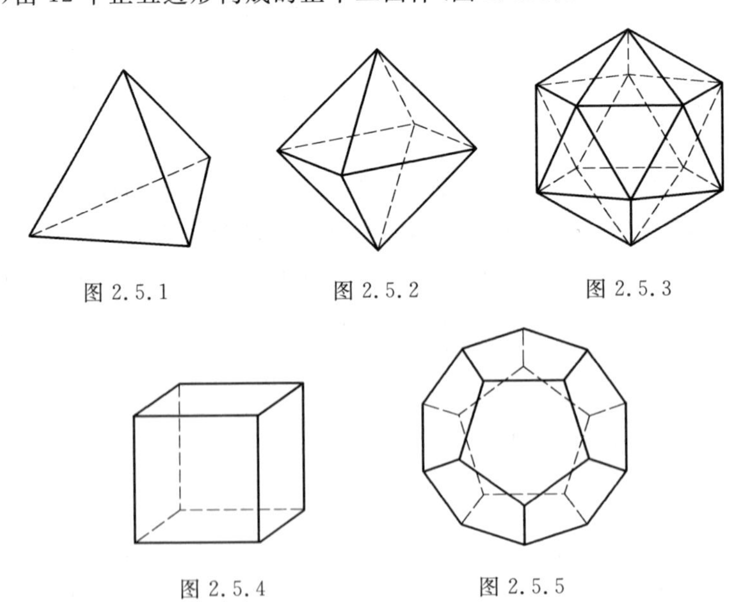

图 2.5.1　图 2.5.2　图 2.5.3

图 2.5.4　图 2.5.5

§86　柏拉图多面体的结构

上述论证表明，如果存在正多面体，可分为五种类型，但不能证明五种类型中每一种正多面体都存在. 为了证明它们的存在，只要指出五种柏拉图多面体都能构造出来即可. 立方体是三个维度都相等的长方形的平行六面体，这种构造我们很熟悉. 我们将证明如何从一个立方体出发构造其余四个柏拉图多面体.

取立方体的 8 个顶点中的 4 个作为四面体的顶点，就可以构造出一个正四面体，如图 2.5.6 所示. 即选择立方体的任何一个顶点 A，在以 A 为一个顶点的三个正方形面上取与 A 相对的三个顶点 B, C, D，联结顶点 A, B, C, D 的六条棱是立方体侧面的对角线(每个面一条对角线)，它们都相等. 这说明正四面体的所有面都是全等的正三角形. 将立方体绕它的任一条对角线(例如，通过顶点 A 的对角线)旋转 $120°$，并使四面体的一个顶点(A)保持不动，但依次变换与该顶点相邻的棱及其他三个顶点(例如，将点 B 移动到点 C，点 C 移动到点 D，点 D 移动到点 B). 相应的多面角相互重合(多面角 B 与多面角 C 重合). 这表明四面体的所有多面角都全等，并且所有的二面角(每个多面角中)都全等. 因此，这个四面体是一个正多面体.

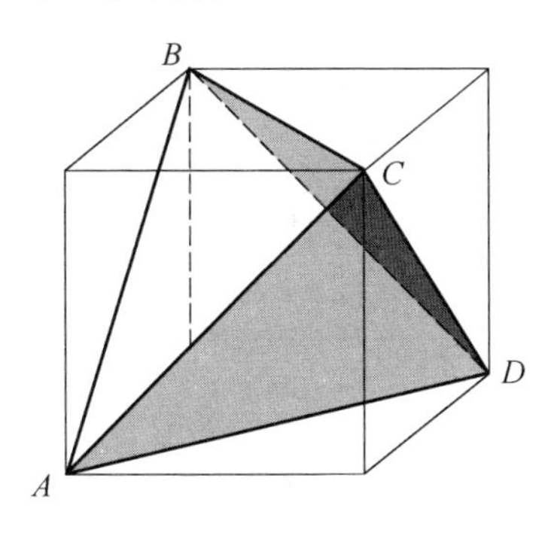

图 2.5.6

一个正八面体可以通过取立方体的六个面的中心(图 2.5.7)为顶点来构造. 联结立方体的两个相邻面的中心就得到八面体的每条棱. 很容易计算，其长度为 $\frac{1}{\sqrt{2}}a$，其中 a 表示立方体的棱长. 特别地，所有的棱的长度都相等，因此这个八面体的所有面都是全等的正三角形. 为了证明这个八面体的所有二面角和所有多面角都是相等的，我们旋转立方体(比如，以过相对面中心的直线为轴)，可以移动任意面(例如平面 P)到其他任何的一个面(例如平面 Q). 由于这个旋转保持立方体不变，它也保持面上的八个中心不动. 因此，旋转将八面体作为一个整体保持，只是移动了边(CA 到 CB)和顶点(点 A 到点 B). 因此，这个八面体相应的二面角和多面角是重叠的.

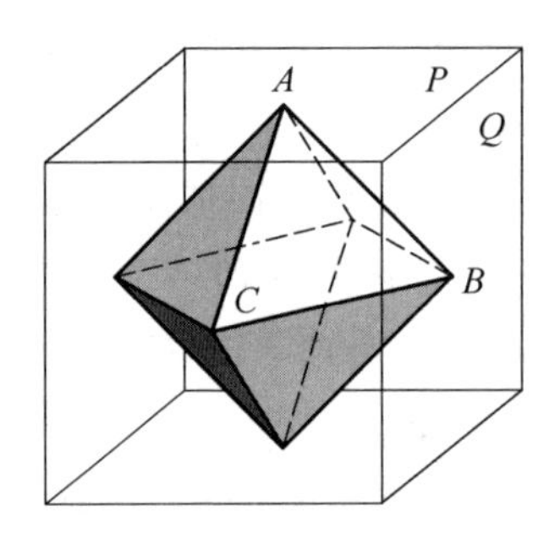

图 2.5.7

过立方体的每一条棱作一个平面，这样的 12 个平面能构成 12 面体，再以某种方式选择这些平面的倾斜程度就能得到正十二面体(图 2.5.8). 实现这一目标是可能的，但并不显然，其证明需要一些准备.

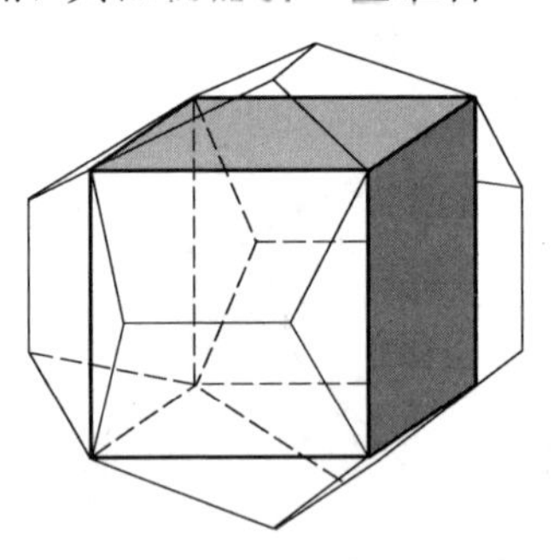

图 2.5.8

让我们从一个正五边形开始检验. 它的所有对角线都相等，可以假定其长度与立方体的棱长相同. 正五边形的每个角都等于 108°. 如果我们将两个正五边形放置在一个平面上，使它们具有一条公共边，那么公共顶点处的角度加起来为 216°，比整个周角小 144°. 因此，我们可以将两个正五边形在空间中绕它们的公共边作旋转(如 AB，图 2.5.9)，使它们的平面形成一个二面角，直到 $\angle CAF$ 从 144°变到 108°. 由于空间中的两个正五边形所形成的图形关于过

AB 中点的且垂直于 AB 的平面对称，因此与$\angle CAF$ 对称的$\angle DBE$ 也等于 108°. 这意味着添加了两个与原正五边形全等的正五边形，一个以 FA 和 AC 为边(如图 2.5.9 所示的 $GCAFH$)，另一个以 EB 和 DB 为边. 如果我们在这些五边形中联结对角线 CD,DE,EF 与 FC,它们将形成一个正方形. 实际上，CF 垂直于 EF.(因为这些对角线平行于这些五边形的公共边 AB)，因此 $CDEF$ 是一个菱形,$\angle FCD=\angle EDC$(作为过 AB 的中点且与其垂直的平面的对称角).

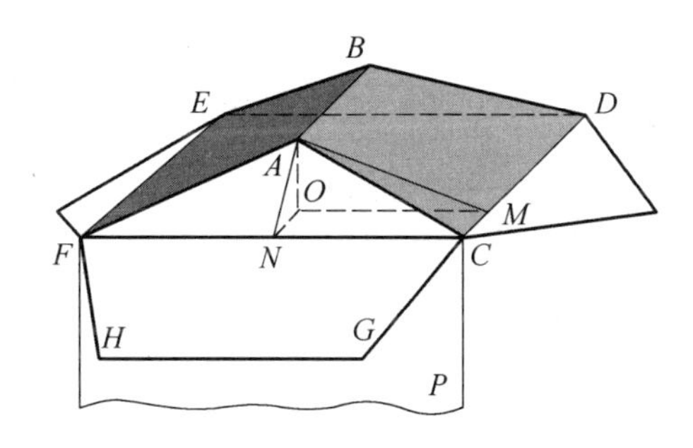

图 2.5.9

现在让我们检查一下图 2.5.9 中阴影部分的篷状多面体 $ACDBEF$. 从点 A 作垂直于底面 $CDEF$ 的直线 AO,然后画两条斜线：斜线 AM 和 AN 分别垂直于 CD 和 FC,最后在底面上画出它们的投影 OM 和 ON. 那么,根据三垂线定理(§28),OM 垂直于 CD,ON 垂直于 FC,因此$\angle AMO$ 和$\angle ANO$ 分别是底面 $CDEF$ 与侧面 $CABD$ 和侧面 AFC 形成的二面角的平面角.

由于篷状多面体的底是一个正方形,我们可以将其底全等地粘贴到立方体的每个面上,如图 2.5.8 所示. 我们断言,在如此构造的多面体中,粘贴的篷状多边形的面(三角形和四边形)倾斜度相同,从而形成正五边形.

为了证明倾斜度相同，只需验证侧面 $ABCD$ 和底面 $CDEF$ 形成的二面角与三角形 FAC 扩展的面 $FHGC$ 和相邻于底面 $CDEF$ 的立方体的平面 P 形成的二面角相等即可. 由于平面 P 与底面垂直，因此只需检查由具有相同底面 $CDEF$ 的平面 $ABCD$ 和平面 FAC 形成的二面角的和是 90°,即$\angle AMO+\angle ANO=90^\circ$. 为此，我们将计算

$$\cos\angle AMO=OM:AM,\cos\angle ANO=ON:AN$$

证明它们是斜边等于 1 的直角三角形的直角边,即

$$\left(\frac{OM}{AM}\right)^2+\left(\frac{ON}{AN}\right)^2=1$$

注意到$\angle ACM=72°$，$\angle ACN=36°$，从而

$$OM=NC=AC\cdot\cos 36°,AM=AC\cdot\sin 72°$$

$$ON=MC=AC\cdot\cos 72°,AN=AC\cdot\sin 36°$$

我们在平面几何中已经知道，在一个等腰三角形中，顶角为36°(因此底角为72°)，底边与腰的比等于黄金比$\frac{\sqrt{5}-1}{2}$，根据三角形的知识，我们发现

$$\cos 72°=\frac{\sqrt{5}-1}{4},\cos 36°=1-2\cos^2 72°=\frac{\sqrt{5}+1}{4}$$

利用恒等式$\cos^2\alpha+\sin^2\alpha=1$，我们得到

$$\cos^2 72°=\frac{3-\sqrt{5}}{8},\sin^2 72°=\frac{5+\sqrt{5}}{8}$$

$$\cos^2 36°=\frac{3+\sqrt{5}}{8},\sin^2 36°=\frac{5-\sqrt{5}}{8}$$

因此

$$\begin{aligned}\left(\frac{OM}{AM}\right)^2+\left(\frac{ON}{AN}\right)^2&=\frac{\cos^2 36°}{\sin^2 72°}+\frac{\cos^2 72°}{\sin^2 36°}\\&=\frac{3+\sqrt{5}}{5+\sqrt{5}}+\frac{3-\sqrt{5}}{5-\sqrt{5}}=\frac{(3+\sqrt{5})(5-\sqrt{5})+(3-\sqrt{5})(5+\sqrt{5})}{(5+\sqrt{5})(5-\sqrt{5})}\\&=\frac{10+2\sqrt{5}+10-2\sqrt{5}}{20}=\frac{20}{20}=1.\end{aligned}$$

另外，我们计算了$OM:AM$，即$\angle OAM$的正弦，这个角等于二面角AB的平面角的一半. 注意，我们只使用了三面角A的平面角都为108°的事实. 这表明，所有具有这个性质的三面角都有全等的二面角，因此彼此全等(§50). 所以，已经构造的具有12个正五边形的多面体是正十二面体.

一旦确定了正十二面体的存在，就能以正十二面体的12个面的中心为顶点，构造出正二十面体.

§87 定理

任何正多面体都与五种柏拉图多面体之一相似.

在§85中，我们证明了任何正多面体R都是五种柏拉图多面体P中的一

个. 现在用多面体 R 的位似多面体 Q 替换多面体 R，使得 Q 与 P 的棱相等，并证明 Q 全等于 P. 为此，我们首先需要确定 Q 和 P 具有全等的多面角. 我们知道，这些多面体角都是正多面角，具有相同数量的全等平面角. 记正多面体角 S 是其中的一个，有 n 个平面角的度数为 α（图 2.5.10，其中 $n=5$）. 易知 S 有一条 n 次对称轴，它是两个对称平面的交线 SO，例如，一个为二面角 $GASE$ 的平分面 HSO，另一个为过平面角 ASE 的平分线 SH 并垂直于平面 ASE 的平面 HSO. 作垂直于对称轴并过多面角 S 的内部任何点 O 的平面，那么多面角 S 被这个平面所截得的截面就是正 n 边形 $ABCDE$. 在二面角 SB 的面上，过正 n 边形的顶点 A 和 C 作边 SB 的垂线 AG 和 CG，并考虑等腰三角形 AGC，其腰 AG 的长度由正 n 边形的边 AB 和 $\angle SBA=\dfrac{180^\circ-\alpha}{2}$确定. 底边 AC 由正 n 边形的对角线和边 AB 确定. 因而 $\angle AGC$ 由平面角的个数 n 及度数 α 确定. 但 $\angle AGC$ 是二面角 SB 的平面角. 这证明了平面角的个数相同、度数相等的正多面角具有全等的二面角，因此它们是彼此全等的.

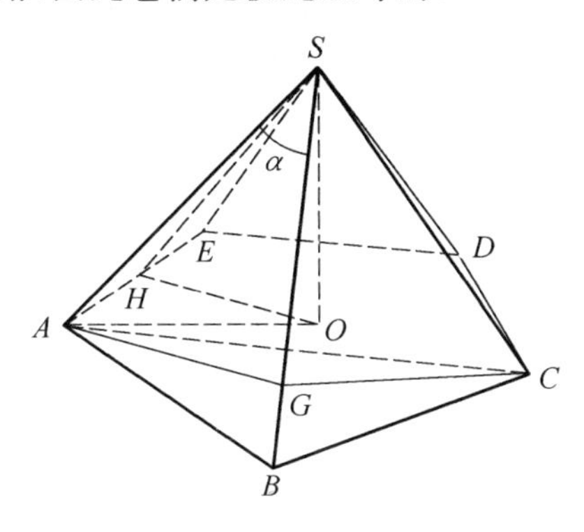

图 2.5.10

利用这个，我们可以在每个多面体 Q 和 P 中选取一个顶点，并将它们在这个顶点上的多面角重合. 因为这两个多面体的棱是相等的，所以相邻的顶点也会重合. 又由于这两个多面体的所有二面角都是全等的，所以这些相邻顶点上的多面角也会重合. 检查与这些顶点相邻的边，并依此类推到其他顶点，我们得出结论，多面体 Q 和 P 重合.

§88 注

我们接受了正多面体的非常严格定义，发现在不考虑大小的前提下，只有5种正多面体.有人可能会问，是否能在放宽定义中“正”的条件下得出类似的结论？答案是肯定的.为了得出一类“正”多面体，我们只要求所有的侧面都是全等的正多边形，并且多面角都全等(但不假定二面角全等).事实上，许多试图进一步放宽定义的尝试会导致错误.首先，仅仅假设所有的面都是全等的正多边形是不够的(为了构造出一个反例，只要将两个全等的正四面体在底部粘贴在一起).其次，多面角都全等且各侧面都是正多边形的这类“正”多面体，包括侧面是正方形的正棱柱.这类多面体首先由德国数学家、天文学家约翰尼斯·开普勒系统地研究.在1619年，他发现除了棱柱之外，还包括一个反棱柱(图2.5.11)和15个阿基米德立体(如果不区分对称多面体是13个)，这是在公元4世纪由希腊数学家帕普斯提出的，并将其归功于阿基米德.尽管在20世纪，人们对各种形状的规则立体进行了深入的研究和分类，但五种柏拉图多面体的古老对称模式仍然在现代数学和物理中发挥着最基本的作用.

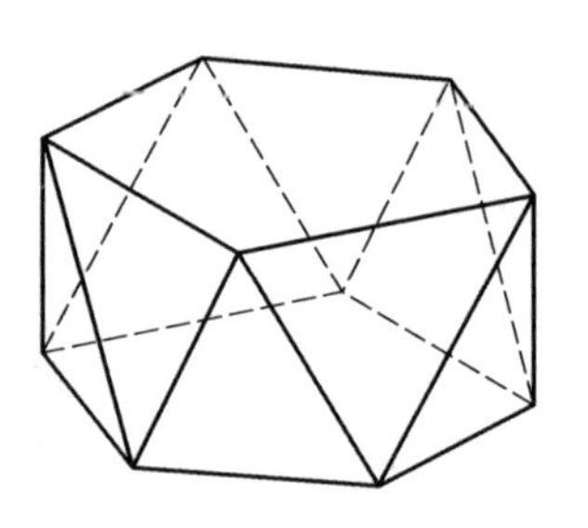

图2.5.11

练　　习

1.描述那些所有棱都相等的棱锥.

2.验证立方体的顶点数、棱数和面数分别等于正八面体的顶点数、棱数和面数.

3.有没有一种方法可以不用计算就得出正二十面体和正十二面体也有上一题那样的结果？

4. 证明：顶点为四面体各面的中心的多面体仍为四面体.

5. 证明：顶点为正八面体(或正二十面体)面的中心的多面体为立方体(或正十二面体).

6. 五种柏拉图多面体中哪一个有对称中心？

7. 描述所有通过旋转将正四面体叠合到其自身的方法，并说明有 12 种这样的旋转(包括平凡旋转).

8. 证明：一个正四面体的 12 种旋转中的每一个都置换了四个顶点，并且不同的旋转对应着顶点集合的不同置换.

9. 一个正四面体有多少个对称面？

10. 通过对称面反射和旋转实现一个正四面体四个顶点的全部置换.

11. 证明：一个正八面体与一个立方体具有同样多的对称面和各次对称轴.

12. 正二十面体和正十二面体也有上题的结论.

13. 证明：一个立方体有九个对称平面.

14. 找出正二十面体的 15 个对称面.

15. 找出一个正二十面体的所有对称轴(任意次)，并证明：通过旋转将正二十面体重合到自身的方法共有 60 种(包括平凡旋转).

16. 描述正二十面体和正十二面体被过中心且垂直于其一条对称轴的平面所截的截面.

17. 是否存在 6 条直线通过同一点并形成彼此相等的角？

18. 证明：一个正十二面体面上的对角线是内接于该正十二面体的 5 个立方体的棱.

19. 证明：一个正十二面体的 60 种旋转中，每一次都置换了内接其中的 5 个立方体，不同的旋转对应着 5 个立方体集合的不同置换.

20. 给出一个反棱柱的精确构造(以图 2.5.11 为例，$n=5$)，反棱柱是这样的一个多面体，它以两个平行的正 n 多边形为底，$2n$ 个正三角形为侧面，且所有多面角全等. 证明：当 $n=3$ 时，反棱柱为正八面体.

21. 将一个二十面体切割成两个正棱锥和一个反棱柱.

22. 找出并比较对称平面和对称轴(各次的)的个数：(1)空间中的正 n 边形；(2)由两个完全相同的正 n 棱锥的底面粘贴而成的多面体；(3)正 n 棱柱；(4)正 n 反棱柱.

23. 计算棱长为 a 的正四面体和正八面体的体积.

24. 证明:棱长为 a 的正二十面体的体积为$\frac{5}{12}(3+\sqrt{5})a^3$.

25. 证明:棱长为 a 的正十二面体的体积为$\frac{1}{4}(15+7\sqrt{5})a^3$.

提示:将这个十二面体表示为一个立方体,在它的六个面上各有一个全等的"篷状"立体,并首先计算该立体的体积.

第3章　旋转体

第1节　柱体与锥体

§89　旋转曲面

将一条曲线(MN,图 3.1.1)绕着一条固定直线(AB)旋转一周得到的曲面称为旋转曲面,这条曲线称为母线,固定的直线称为旋转轴,简称为轴.

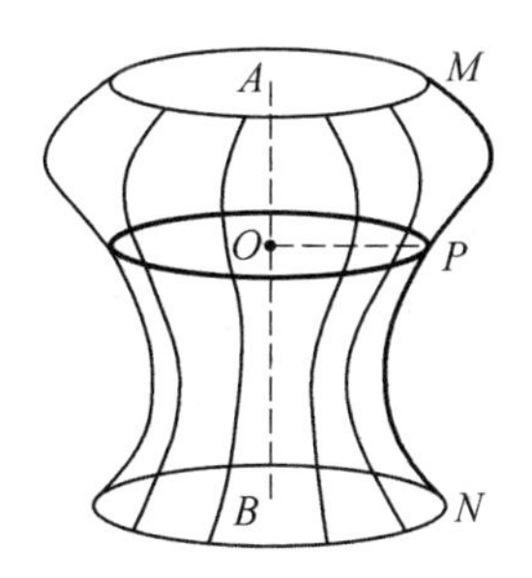

图 3.1.1

在母线上任取一点 P,过点 P 作 PO 垂直旋转轴.显然,在母线绕轴旋转的过程中,$\angle APO$ 的度数、垂线段 OP 的长度以及垂足 O 的位置都保持不变.因此,母线的每一点都旋转成一个圆,这个圆所在的平面垂直于旋转轴,圆心是这个平面与旋转轴的交点.

因此,旋转曲面被垂直于轴的平面截得的横截面由一个或多个圆组成.

任何包含旋转轴的纵向平面称为子午面.这个平面与旋转曲面的交线称为子午线.给定旋转曲面的所有子午线都全等,因为在旋转的过程中,每一个子午线都与其他子午线相同.

§90 柱面

柱面是空间中一条直线(AB,图 3.1.2)旋转所形成的曲面,其中这条直线与给定的方向保持平行,并与给定的曲线(MN)相交.直线 AB 称为母线,定曲线 MN 称为准线.

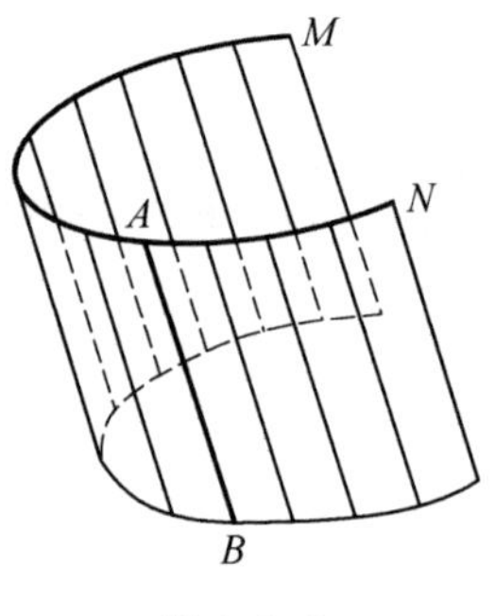

图 3.1.2

§91 柱体

柱体是由柱面和两个平行平面(图 3.1.3)相交所构成的立体图形.夹在两个平行平面之间的柱面部分称为柱体的侧面,平行平面截柱面的两个截面称为柱体的底面.从一个底面的任何一点到另一个底面的垂线段称为柱体的高.如果柱体的母线垂直于底面,那么称其为直柱体,否则称为斜柱体.

图 3.1.3

底面为圆的柱体称为圆柱(图 3.1.4).圆柱可以被认为是一个长方形($OAA'O'$)绕其一边(OO')旋转而成的立体图形.对边 AA' 在旋转过程中形成

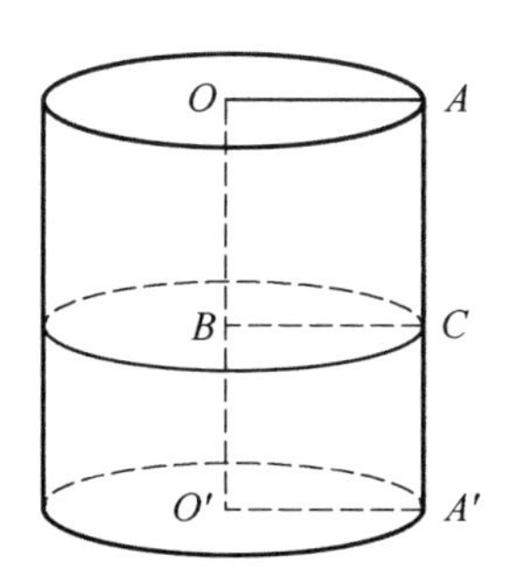

图 3.1.4

了圆柱的侧面,另两条边在旋转过程中形成了圆柱的底面.平行于 OA 的线段 BC(见图 3.1.4)在旋转过程中形成了一个垂直于轴 OO'的圆.

因此,如果一个平面平行于圆柱的底面,那么其所得的横截面是圆.

在我们的基本讨论中,我们只考虑直圆柱.为了简洁起见,简称为圆柱.有时,我们需要处理这样的棱柱,其底面多边形内接(或外切)于一个圆柱的底面,其高等于这个圆柱的高,此时,我们称这个棱柱内接(或外切)于这个圆柱.

§92 圆锥面

圆锥面是通过旋转一条直线(AB,图 3.1.5),使其过一个固定点 S 并与给定曲线(MN)相交而形成的曲面.直线 AB 称为母线,曲线 MN 称为准线,固定点 S 称为圆锥面的顶点.

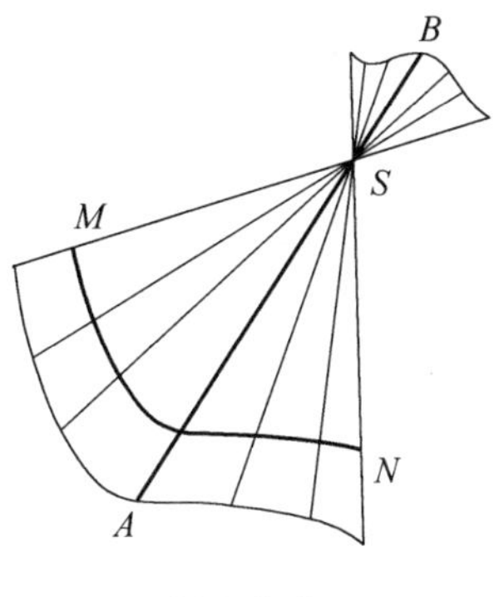

图 3.1.5

§93 圆锥

圆锥是由圆锥面和在其顶点一侧与所有母线都相交的平面所围成的立体图形(图 3.1.6).顶点与平面之间的圆锥面称为圆锥的侧面,圆锥面所截得的平面部分称为圆锥的底面.顶点到底面的垂线段称为圆锥的高.

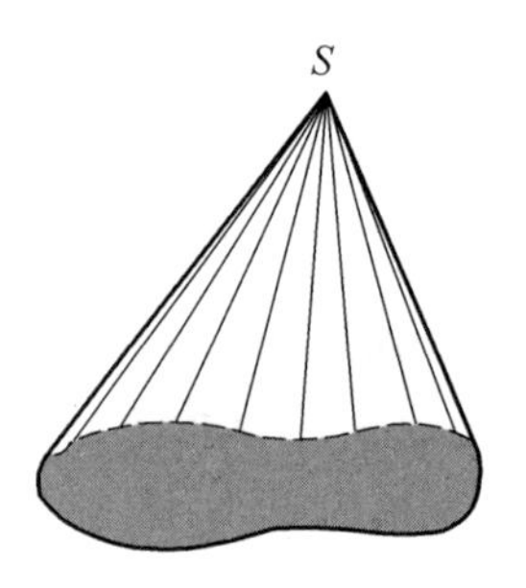

图 3.1.6

如果圆锥的底面是一个圆盘,且高过圆盘的圆心(O),那么这个圆锥就称为直圆锥.直圆锥可以由直角三角形(OSA)绕其一条直角边(OS)旋转一周而形成,另一条直角边(OA)在旋转中形成了直圆锥的底面,斜边(SA)在旋转中形成了圆锥体的侧面.平行于 OA 的线段 BC 也旋转成圆,且垂直于轴 SO(图 3.1.7).

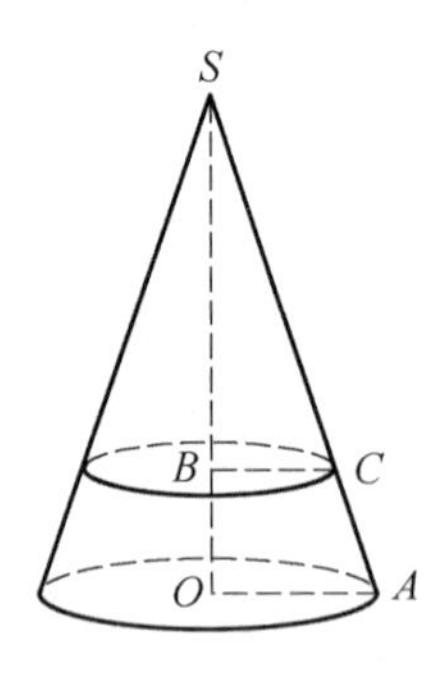

图 3.1.7

因此,平行于底面的平面截直圆锥所得的截面就是圆.

我们将只考虑直圆锥,为了简洁起见,简称为圆锥.有时,我们会考虑顶点与给定圆锥的顶点重合且其底面内接或外切于给定圆锥的底面的棱锥.我们把这样的棱锥称为圆锥的内接或外切棱锥.

§94 圆台

圆台是位于圆锥底面和平行于圆锥底面的截面之间的这部分圆锥. 平行圆(圆锥的底面和横截面)称为圆台的底面.

圆台(图 3.1.8)可以由一个直角梯形 $OAA'O'$ 以垂直于底腰 OO' 为轴旋转而得到.

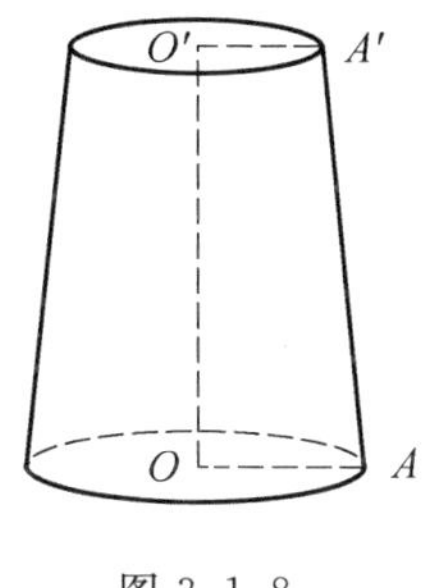

图 3.1.8

§95 圆锥与圆柱的侧面积

圆柱或圆锥的侧面是弯曲的,即它的任何部分都不能重合到平面上. 因此,我们需要借助平面图形的面积来定义此类曲面的面积含义. 我们需要接受如下的定义.

(1)当一个圆柱的内接正棱柱的侧面数量无限增大时(因此每个侧面的面积趋于零),正棱柱的侧面积的极限就定义为这个圆柱的侧面积.

(2)当一个圆锥(或圆台)的内接正棱锥(或正棱台)的侧面数量无限增大时(因此每个侧面的面积趋于零),正棱锥的侧面积的极限就定义为这个圆锥(或圆台)的侧面积.

§96 定理

圆柱的侧面积等于底面周长与高的乘积.

在圆柱中(图 3.1.9)内接任意一个正棱柱. 用 p 和 h 分别表示棱柱底面周长和高. 那么棱柱的侧面积为 $p \cdot h$. 现在假设棱柱的侧面个数无限增加,那么其底面周长 p 趋近于这个圆柱底面的周长 c,而高度 h 保持不变.

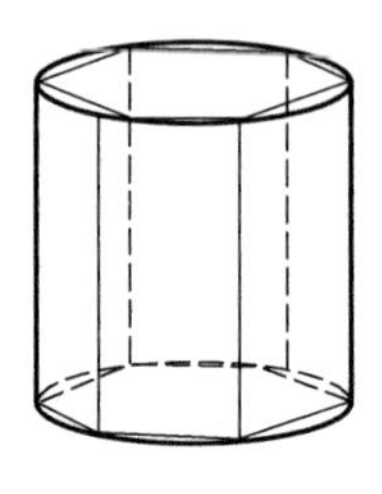

图 3.1.9

因此，棱柱的侧面积 $p \cdot h$ 趋近于 $c \cdot h$，根据 § 95 定义(1)，其极限 $c \cdot h$ 就是圆柱侧面积 s. 因此，

$$s=c \cdot h.$$

推论 (1)如果 r 为圆柱底面圆的半径，那么 $c=2\pi r$，于是圆柱侧面积公式可以表示为 $s=2\pi rh$.

(2)要得到圆柱的表面积，只要将圆柱的侧面积和两个底面的面积相加即可. 因此，如果用 t 表示圆柱的表面积，那么 $t=2\pi rh+\pi r^2+\pi r^2=2\pi r(h+r)$.

§ 97 定理

圆锥的侧面积等于底面圆的周长和母线的乘积的一半.

在一个圆锥(图 3.1.10)中内接任意正棱锥，并用 p 和 a 表示该棱锥的底面周长和边心距. 那么棱锥的侧面积为 $\frac{1}{2}p \cdot a$(§ 60). 假设棱锥的侧面数量无限增加，那么周长 p 趋于这个圆锥底面圆的周长 c，边心距 a 趋于圆锥的母线 l.(事实上，母线 SA 是直角三角形 SAL 的斜边，大于棱锥边心距 SL，另一条边 AL 是底面上的正多边形边长的一半，随着侧面数量的无限增加，AL 趋于 0，由于 $SA-SL<AL$，我们得出 a 趋近于 l.)因此，棱锥的侧面积 $\frac{1}{2}p \cdot a$ 趋近于 $\frac{1}{2}c \cdot l$. 根据 § 95 定义(2)，极限 $\frac{1}{2}c \cdot l$ 为圆锥的侧面积 s，因此

$$s=\frac{c \cdot l}{2}.$$

推论 (1)由于 $c=2\pi r$，其中 r 为底面半径，故圆锥的侧面积为：$s=\frac{1}{2} \cdot 2\pi r \cdot l=\pi rl$.

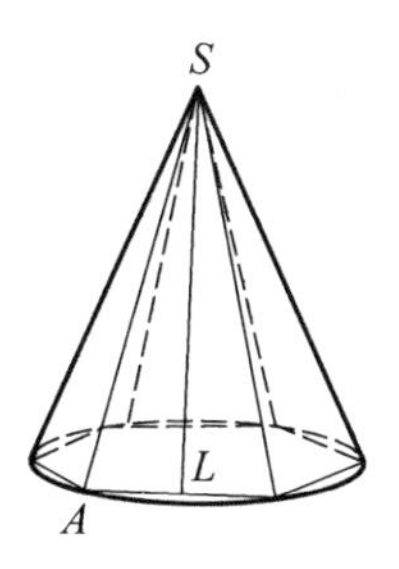

图 3.1.10

(2)圆锥的表面积由底面积加上侧面积得到.如果设 t 为圆锥的表面积,那么

$$t=\pi rl+\pi r^2=\pi r(l+r)$$

§98 定理

圆台的侧面积等于母线乘以两个底面周长之和的一半.

一个圆台(图 3.1.11)中内接任意正棱台.用 p 和 p' 表示其上下底面的周长,a 表示侧面梯形上下底的边心距.那么侧面积等于 $\frac{1}{2}(p+p')a$.当侧面的数量无限增加时,周长 p 和 p' 趋近于圆台底面的周长 c 和 c',边心距 a 趋近于圆台的母线 l.因此,圆台的侧面积趋近于 $\frac{1}{2}(c+c')l$,根据§95 定义(2),该极限就是圆台的侧表面积 s,即 $s=\frac{1}{2}(c+c')l$.

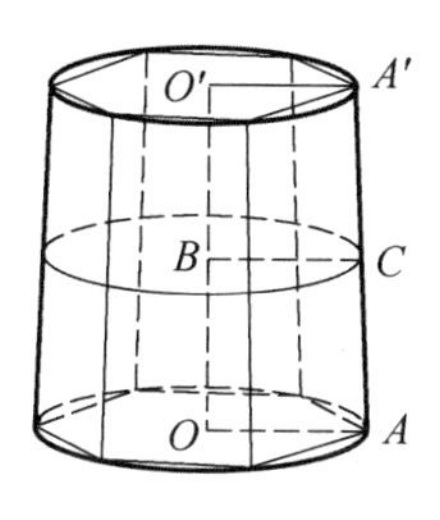

图 3.1.11

§99 推论

(1)如果记 r,r' 为上下底面的半径,那么圆台的侧面积为

$$s=\frac{1}{2}(2\pi r+2\pi r')l=\pi(r+r')l$$

(2)将圆台(图 3.1.11)视为直角梯形 $OAA'O'$绕轴 OO'旋转而成,作出梯形的中位线 BC. 我们有

$$BC=\frac{1}{2}(OA+O'A')=\frac{1}{2}(r+r')$$

因此 $r+r'=2BC$. 于是 $s=2\pi\cdot BC\cdot l$,即圆台的侧面积等于母线与中截面周长的乘积.

(3)圆台的表面积为 $t=\pi(r^2+r'^2+rl+r'l)$.

§100 圆柱与圆锥的侧面展开图

在圆柱中内接任何一个正棱柱(图 3.1.12(a)),然后想象,将棱柱的侧面沿一条侧棱切开. 绕这些棱旋转侧面可以将其(而不撕破或扭曲)展开成平面图形(图 3.1.12(b)),称其为棱柱侧面展开图(或侧面展开网). 此时,侧面展开图是由棱柱侧面上众多较小的矩形组成的矩形 $KLMN$. 矩形的底 MN 与底面的周长相等,高 KN 与棱柱的高相等.

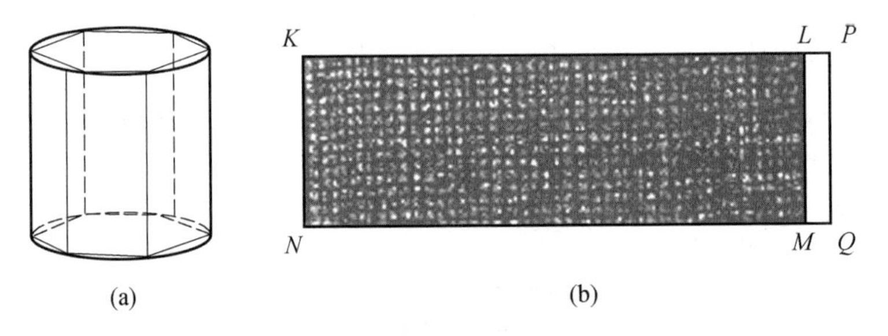

图 3.1.12

想象一下,如果棱柱侧面的数量无限地增加. 那么其侧面展开图变得越来越大,在取极限下,趋于一个固定的矩形 $KPQN$,使得这个矩形的高和底分别与圆柱的高和底面周长相等. 此时,这个矩形被称为圆柱的侧面展开图(或网).

类似的,在圆锥(图 3.1.13(a))中内接任意一个正棱锥. 我们沿着棱切开它的侧面,将其展开到平面上,绕这些棱旋转侧面,将其展开到一个平面上,形成一个多边形的扇形网 SKL(图 3.1.13(b)),这个网由正棱锥侧面上的许多等腰三角形组成. 线段 SK,Sa,Sb,…都等于正棱锥的侧棱(或者圆锥的母线长),

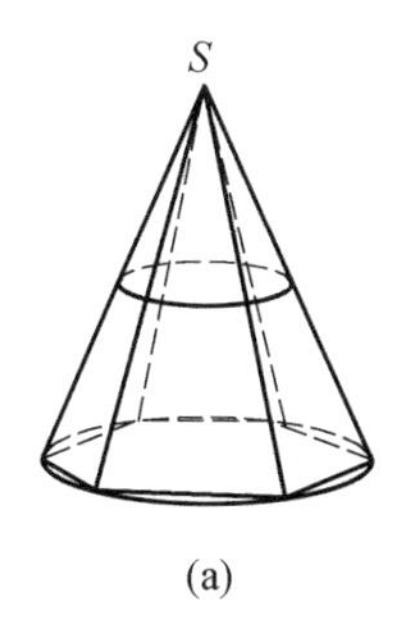

(a)

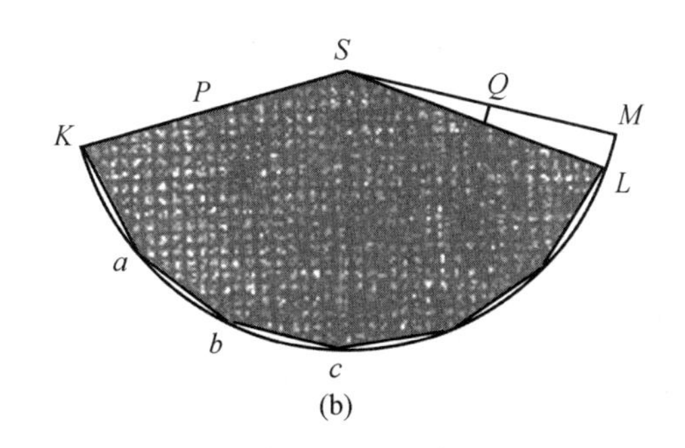

(b)

图 3.1.13

折线 $Kab\cdots L$ 的长度等于正棱锥的底面周长.随着侧面的数量无限增加,这个扇形网趋近于扇形 SKM,该扇形的半径 SK 与圆锥的母线相等,弧长 KM 与圆锥的周长相等.这个扇形称为圆锥的侧面展开图(或网).

同样,我们也可以将圆台(图 3.1.13(b))的侧面展开为圆环的一部分 $PKMQ$.很容易看出圆柱、圆锥、圆台的侧面积等于相应展开图的面积.

§101 圆柱与圆锥的体积

定义 (1)对于圆柱,当它的内接棱柱的侧面数量无限增加时,其体积的极限就为圆柱的体积.

(2)对于圆锥(或圆台),当它的内接棱锥(或棱台)的侧面数量无限增加时,其体积的极限就为圆锥(或圆台)的体积.

定理 (1)圆柱的体积等于底面积与高度的乘积.

(2)圆锥的体积等于底面积与高度的乘积的$\frac{1}{3}$.

圆柱内接的任意正棱柱或圆锥内接的正棱锥,如果我们用 B 表示棱柱或棱锥底面的面积,用 h 表示高,用 V 表示体积,得到

$$V_{(棱柱)}=Bh,V_{(棱锥)}=\frac{1}{3}Bh$$

想象一下,当棱柱或棱锥的侧面的数量无限增加时,那么 B 趋近于圆柱或圆锥的底面积 b,而高保持不变.因此,棱柱的体积 V 趋近于 bh;棱锥的体积 V 趋近于$\frac{1}{3}bh$.因此,圆柱和圆锥的体积为

$$V_{(圆柱)}=bh,V_{(圆锥)}=\frac{1}{3}bh$$

推论 如果 r 表示圆柱或圆锥的底面半径,那么 $b=\pi r^2$,因此,圆柱的体积 $v=\pi r^2 h$,圆锥的体积的 $v=\frac{1}{3}\pi r^2 h$.

§102 圆锥与圆柱的相似

根据相似图形的一般定义(§75),与一个圆锥(或圆柱)相似的立体图形全等于与这个圆锥(或圆柱)位似的立体图形.

考虑由直角三角形 SOA 绕轴 SO 旋转得到的圆锥(图 3.1.14),令直角三角形 $SO'A'$是直角三角形 SOA 关于位似中心 S 的位似三角形.将直角三角形 $SO'A'$绕轴 SO'旋转,我们得到了一个与给定圆锥位似的圆锥.由于任何与给定圆锥相似的立体图形必然与这些位似的圆锥中的一个相等(通过选择适当位似系数),可以得到结论:与圆锥相似的立体图形还是圆锥,并且两个相似的直角三角形分别绕位似的直角边旋转得到的两个圆锥是相似的.

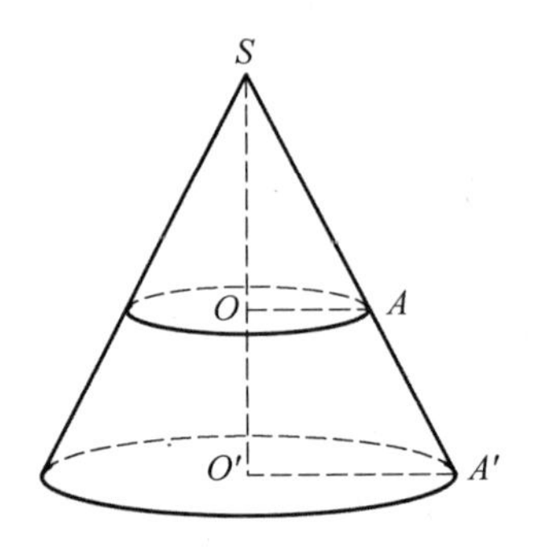

图 3.1.14

同样的,考虑到由矩形 $SOAB$ 绕它的边 SO 旋转得到的圆柱(图 3.1.15),并以 S 为位似中心,由此得到:由矩形 $SO'A'B'$绕边 SO'旋转得到的圆柱与给定圆柱位似,我们得出这样的结论:与圆柱相似的立体图形还是圆柱,并且两个相似的矩形分别绕位似边旋转得到的两个圆柱是相似的.

令 h 与 h'分别表示相似圆锥或圆柱的高 SO 和 SO',用 r 与 r'分别表示其底面的半径 OA 与 OA',用 l 与 l'分别表示相似圆锥(图 3.1.14)的母线 SA 与 SA',根据直角三角形 SOA 和直角三角形 $SO'A'$(或者 $SOAB$ 和 $SO'A'B'$)相似,我们得出结论

$$\frac{r}{r'}=\frac{h}{h'},\frac{r}{r'}=\frac{l}{l'}$$

应用等比的性质,我们推出

$$\frac{r+h}{r'+h'}=\frac{r}{r'},\frac{r+l}{r'+l'}=\frac{r}{r'}$$

利用这些比例,我们得到以下结果.

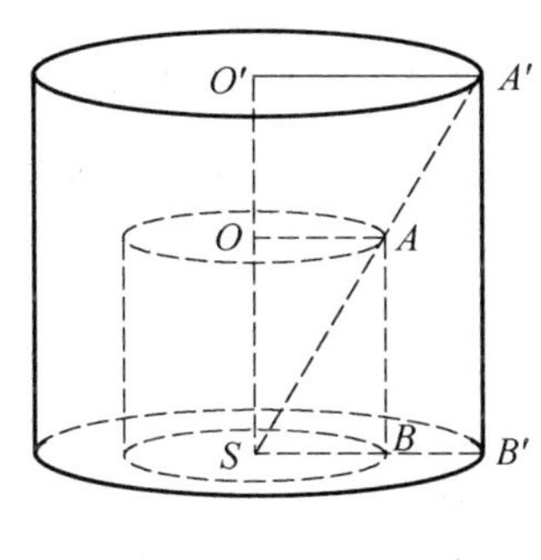

图 3.1.15

§103 定理

相似圆锥或圆柱的侧面积与表面积的比等于其半径或高的平方之比,它们的体积的比等于半径或高的立方之比.

设 s,t,v 分别为一个圆锥或圆柱的侧面积、表面积和体积. s',v',t' 为与其相似的圆锥或圆柱的侧面积、表面积和体积,对于圆柱,有

$$\frac{s}{s'}=\frac{2\pi rh}{2\pi r'h'}=\frac{r}{r'}\cdot\frac{h}{h'}=\frac{r^2}{r'^2}=\frac{h^2}{h'^2}$$

$$\frac{t}{t'}=\frac{2\pi r(r+h)}{2\pi r'(r'+h')}=\frac{r}{r'}\cdot\frac{r+h}{r'+h'}=\frac{r^2}{r'^2}=\frac{h^2}{h'^2}$$

$$\frac{v}{v'}=\frac{\pi r^2h}{\pi r'^2h'}=\left(\frac{r}{r'}\right)^2\cdot\frac{h}{h'}=\frac{r^3}{r'^3}=\frac{h^3}{h'^3}.$$

对于圆锥,有

$$\frac{s}{s'}=\frac{\pi rl}{\pi r'l'}=\frac{r}{r'}\ \frac{l}{l'}=\frac{r^2}{r'^2}=\frac{h^2}{h'^2}$$

$$\frac{t}{t'}=\frac{\pi r(r+l)}{\pi r'(r'+l')}=\frac{r}{r'}\ \frac{r+l}{r'+l'}=\frac{r^2}{r'^2}=\frac{h^2}{h'^2}$$

$$\frac{v}{v'}=\frac{\frac{1}{3}\pi r^2 h}{\frac{1}{3}\pi r'^2 h'}=\left(\frac{r}{r'}\right)^2\frac{h}{h'}=\frac{r^3}{r'^3}=\frac{h^3}{h'^3}$$

练　习

1. 证明：沿给定的直线方向平移一条曲线得到的曲面是柱面.

2. 找出一个直圆柱的所有对称平面、对称轴和对称中心.

3. 证明：如果一个斜圆柱（§91）与一个直圆柱的母线长度相等，且斜圆柱的垂直截面面积等于直圆柱的底面积，那么这个斜圆柱与这个直圆柱的体积相等.

4. 利用卡瓦列里原理证明，如果一个斜圆柱与一个直圆柱的底相等，且斜圆柱的高等于直圆柱的母线长，那么这个斜圆柱与这个直圆柱的体积相等.

5. 一个直圆柱的横截面不与底面相交，与底面所成角的为 a，如果这个直圆柱的底面半径为 r，计算这个横截面的面积.

6. 一个三棱锥的侧面展开图是边长为 3 的正方形，计算它的体积.

7. 在正四面体的表面上，作出两个对棱中点之间的最短路径.

8. 一个单位立方体能被一张边长为 3 的正方形纸片包上吗？

9. 一个圆锥的轴截面（即通过圆锥的旋转轴的截面）在顶点处的角为 60°，求这个圆锥的侧面展开图在顶点处的角的度数.

10. 证明：过圆锥（或圆柱）母线且垂直于过这条母线的轴截面的平面与圆锥（或圆柱）没有其他共同点（除了这条母线）.

注：称这个平面与圆锥（或圆柱）相切.

11. 具有共同顶点的两个圆锥可以有：(1)公共切平面？(2)无穷多个公共切平面？

12. 两个圆锥被称为相切的，如果它们有公共顶点和一条公共母线，且过这条公共母线有重合的切平面. 证明：两个相切的圆锥具有共同的对称平面.

13. 如果一个圆柱的侧面积等于表面积的一半，计算它的高与底面直径之比.

14. 一个圆锥的母线与底面的夹角为 60°，计算它的侧面积与底面积之比.

15. 计算母线为 15 cm，上下底面的半径分别为 18 cm 和 27 cm 的圆台的体积和侧面积.

16. 在体积为 V 的圆锥中，作两个平行于底面的横截面，将高三等分. 计算介于这两个平面之间的圆台的体积.

17. 计算由一个边长为 a 的正三角形绕过顶点且与对边平行的轴旋转而成的立体图形的体积和表面积.

18. 计算由一个边长为 a 的正方形绕过一个顶点且平行于对角线的轴旋转得到的立体图形的体积和表面积.

19. 计算由面积为 A 的菱形绕它的一条边旋转而成的立体图形的表面积.

20. 计算由一个边长为 a 的正六边形绕它的一条边旋转而得到的立体图形的体积和表面积.

21. 一个圆锥的侧面积是底面积的两倍，包含轴的平面截得的截面面积是 A. 计算这个圆锥的体积.

22. 如果一个圆锥的底面半径为 r，对侧面展开图在顶点处的角度为：(1) $90°$，(2) $120°$，(3) $60°$，分别计算这个圆锥的体积.

23. 证明：圆锥的体积等于侧面积与底面中心到母线距离之积的 $\frac{1}{3}$.

24. 证明：一个圆台的体积等于三个圆锥的体积之和，其中这三个圆锥的高都与圆台的高相等，其三个底面积分别等于圆台的上、下底面积及其几何平均值.

25. 过一个圆锥顶点及与底面半径相等的弦的平面将圆锥分成的两部分，求它们的体积之比.

26. 两条垂直的母线将一个圆锥的侧面积按 $2:1$ 分成两块，如果这个圆锥的底面半径是 r，求它的体积.

27. 找出通过一个圆锥顶点的面积最大的截面，并证明它是轴截面当且仅当圆锥底面的半径不超过它的高.

28. 计算两个底面外接棱长为 a 的正八面体的两个面的圆柱的体积和侧面积.

29. 具有共同顶点的四个全等的圆锥两两相切，计算每个圆锥的高与母线的比.

第2节　球

§104　球和球体

定义　将半圆绕直径旋转得到的立体图形称为球,半圆扫过的曲面称为球面.也可以说球面是到一个与定点(球心或球面中心)的距离为定长的点的轨迹.

联结球心与球面上的任意点的线段称为半径,联结球面上任意两个点并过球心的线段称为直径.同一个球的所有半径都相等,且等于直径的一半.

两个半径相同的球全等,当它们的球心放置在同一点时,它们就会重合在一起.

§105　球的截面

定理　任何平面截球所得的截面都是圆.

首先,假设截面所在的平面 P(图 3.2.1)通过球心 O,其与球面相交的曲线上的所有点到球心的距离都相等.因此,截面是以 O 为圆心的圆.

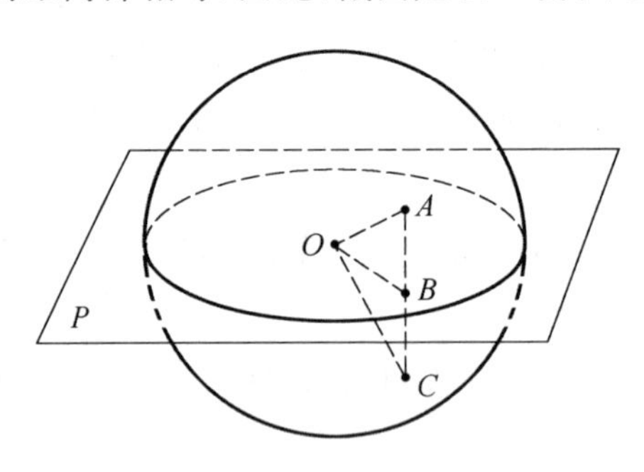

图 3.2.1

现在考虑截面所在平面(平面 Q,图 3.2.2)不通过球心的情况.过球心 O 作平面 Q 的垂线 OK,在球面与平面的交线上任取一点 M.联结 OM 与 OK,得到一个直角三角形 OKM,所以,有

$$MK=\sqrt{OM^2-OK^2} \qquad (*)$$

当点 M 的位置变化时,OM 和 OK 的长度不变,因此 MK 保持不变.从而,

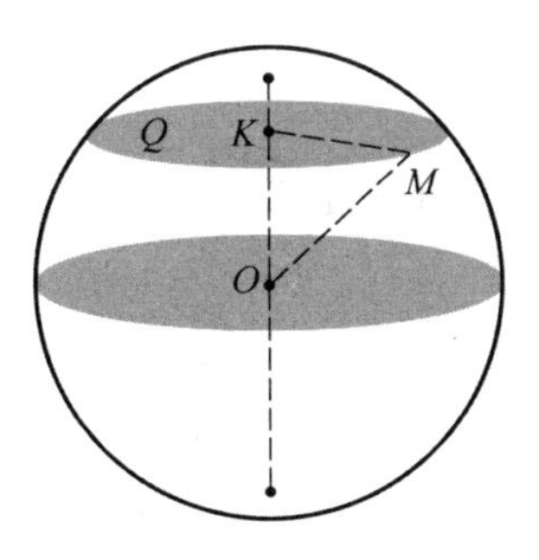

图 3.2.2

球面的截线是一个圆周,并且点 K 是它的圆心. 反过来说,由式(*)可知,这个圆周上的每一点 M 都在球面上.

推论 令 R 和 r 分别表示球的半径和截面的半径,d 是球心到截面的距离. 那么式(*)等价于

$$r=\sqrt{R^2-d^2}$$

于是

(1)当 $d=0$ 时,即平面通过球心时,得到了最大半径的截面,即 $r=R$,此时,球面上截得的圆周称为大圆.

(2)当 $d=R$ 时,即圆变成一个点时,得到最小半径的截面,在这种情况下,$r=0$.

(3)与球心等距的截面是全等的.

(4)在两个截面中,离球心越近的截面半径越大.

§106 大圆

定理 任何通过球心的平面 P(图 3.2.1)都将球面分成两个对称且全等的部分(称为半球面).

在球面上,考虑任意一点 A,过点 A 作直线 AB 垂直于平面 P. 过点 B 延长 AB 与球面交于点 C,联结 AO,BO,CO,得到两个全等的直角三角形 ABO 和 CBO.(它们有一条公共边 BO,斜边 AO 和 CO 都等于球的半径.)因此 $AB=CB$,从而球面的每个点 A,都对应于球面上关于平面 P 对称的另一个点 C. 因此,平面 P 将球面分成的两个半球面是对称的.

这两个半球面不仅是对称的,而且是全等的,因为通过沿着平面 P 切割

球,并将其中的一部分绕平面 P 上的任何直径旋转 180°,就会将两个半球面重合.

定理 过球面上任意两点,同一直径的两个端点除外,能画出唯一的一个大圆.

在以点 O 为球心的球面上(图 3.2.3),设两个点 A 和点 B 不与点 O 位于同一直线上.那么,通过点 A、点 B 和点 O,可以画出一个唯一的平面.这个平面过球心 O 且沿着包含点 A 和点 B 的大圆与球面相交.

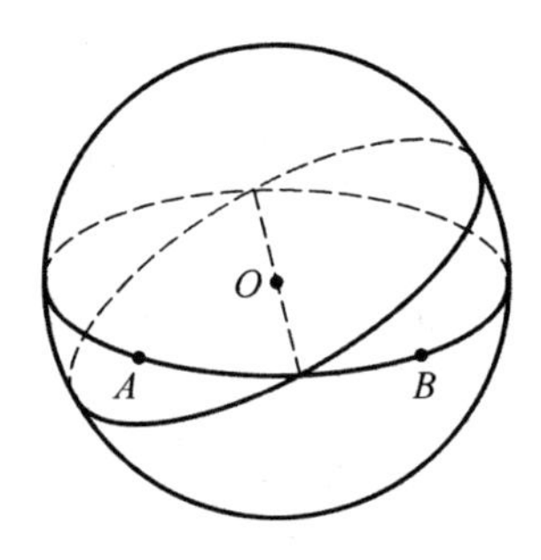

图 3.2.3

不存在过点 A 和点 B 的另一个大圆.实际上,任何一个大圆都是由通过球心 O 的平面截球面而得到的.如果存在通过点 A 和点 B 的另一个大圆,那么过不在同一直线上的三点 A,B 和 O,就有两个不同的平面,然而,这是不可能的.

定理 同一球面上的两个大圆互相平分.

球心 O(图 3.2.3)同时位于两个大圆所在的平面上,即位于这两个平面的交线上.这条交线是每一个大圆的直径,因此,将大圆平分.

§107 球的切平面

定义 与球只有一个公共点的平面称为球的切平面.切平面的存在性由以下定理保证.

定理 半径(OA)的一个端点(A)位于球面上,在这个端点处与该半径垂直的平面 P(图 3.2.4)与这个球相切.

在平面 P 上任取一点 B,作直线 OB.由于 OB 是倾斜的,OA 垂直于平面 P,所以我们有 $OB>OA$.因此,点 B 位于球面之外.从而,平面 P 与球只有一个公共点 A,所以平面 P 与球相切.

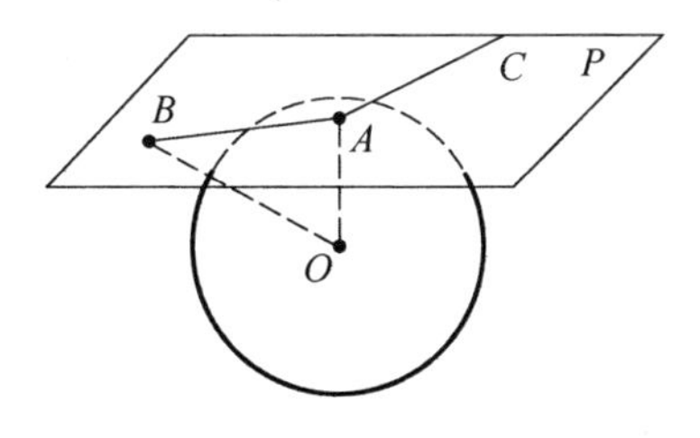

图 3.2.4

逆定理 切平面 P(图 3.2.4)垂直半径 OA 于切点 A.

由于切点 A 是平面 P 和球的唯一公共点,平面 P 的任何其他点都位于球面之外,即比点 A 离球心更远.因此,OA 是从点 O 到这个平面的最短线段,即 OA 垂直于平面 P.

与球只有一个公共点的直线称为切线.很容易看出,在球面的某一点上有无限多条直线与球相切.即通过给定的点 A,并在与球切于该点的平面上的任意一条直线 AC(图 3.2.4)都与球相切.

§108 球缺与球台

与球相交的平面 P(图 3.2.5)将球分成两个部分(U 和 V),称它们为圆顶或球缺.截面圆被称为球缺的底面.垂直于底面的线段 KM(直径的一部分)称为球缺 U 的高.球缺的表面由两部分组成:底面和球面的一部分,称为球缺的侧面.

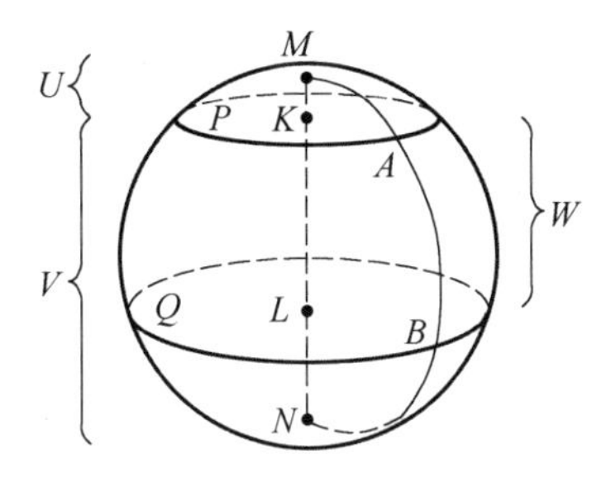

图 3.2.5

一个球(W)夹在两个平行平面(P 和 Q)之间(图 3.2.5)的部分称为球台,这两个平面在球上的截面圆称为球台的底面,两个底面之间的球面部分称为球台的侧面,垂直于底面的直径的一部分 KL 称为球台的高.

球缺和球台的侧面可视为旋转曲面. 当半圆形 $MABN$ 绕直径 MN 旋转时,弧 MA 和 AB 经旋转分别形成球缺 U 和球台 W 的侧面,为了确定这类曲面的面积,我们首先建立以下引理.

§ 109 引理

圆锥、圆台和圆柱的侧面面积均等于该立体图形的高度与一个圆的周长的乘积,而这个圆的半径为母线中点及母线中垂线与轴的交点之间的线段长.

(1)将直角三角形 ABC(图 3.2.6)绕直角边 AC 旋转形成一个圆锥. 如果 D 是母线 AB 的中点,那么圆锥的侧面积 s 为(见 § 97 推论(1)):

$$s=2\pi \cdot BC \cdot AD \qquad (*)$$

作 DE 垂直于 AB,得到两个相似的三角形 ABC 和 AED(它们是直角三角形且有一个公共角 A),由此我们得出:$BC : ED=AC : AD$,因此 $BC \cdot AD=ED \cdot AC$,将其代入式($*$),我们有

$$s=2\pi \cdot ED \cdot AC$$

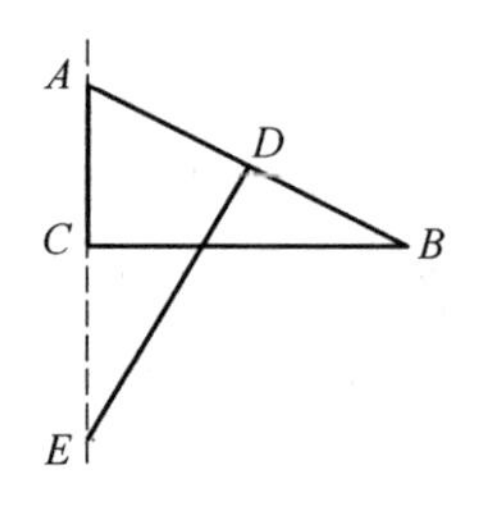

图 3.2.6

(2)将直角梯形 $ABCD$(图 3.2.7)绕腰 AD 旋转得到一个圆台. 作中线 EF,我们得到圆台的侧面积(见 § 99 推论(2)):

$$s=2\pi \cdot EF \cdot BC \qquad (**)$$

作 EG 垂直 BC,BH 垂直 CD,得到了两个相似的直角三角形 EFG 和 BHC(它们的边互相垂直). 从而,有 $EF : BH=EG : BC$,因此 $EF \cdot BC=BH \cdot EG=AD \cdot EG$. 代入式($**$)中,我们得出所求结论:

$$s=2\pi \cdot EG \cdot AD$$

(3)引理对圆柱也成立,此时公式中的圆就是圆柱的底面圆.

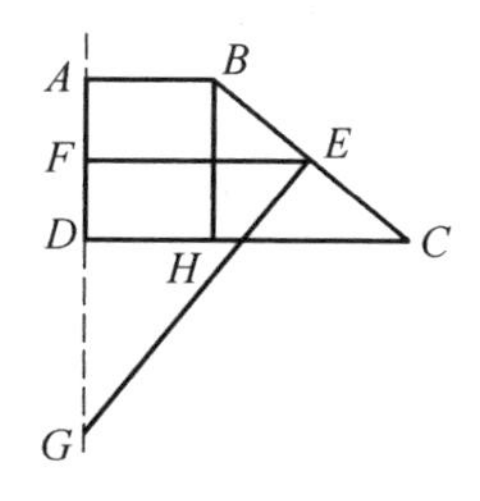

图 3.2.7

§110 球面、球缺、球台的侧面积

由半圆的任何圆弧 BE(参见图 3.2.8)绕直径(AF)旋转形成的球台的侧面积，被定义为内接于这段圆弧的规则折线($BCDE$)绕同一直径旋转形成的旋转体的侧面积在折线长无限减少(折线数量无限增加)的过程中的极限值.

这一定义也适用于球缺和整个球面.在后一种情况下,折线内切于整个半圆.

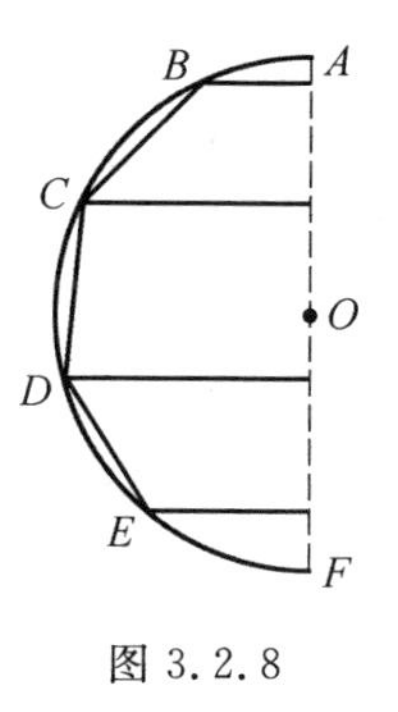

图 3.2.8

§111 定理

球缺(或球台)的侧面积等于球缺(或球台)的高和大圆周长的乘积.

假设球缺的侧面是由弧 AF(图 3.2.9)旋转而来.在这条弧形上,内接任意的规则折线 $ACDEF$.旋转这条折线所得的侧面由旋转 AC,CD,DE 等形成的各部分侧面组成.每一部分或者是圆锥的侧面(当旋转的边是 AC),或者是圆台的侧面(当旋转的边是 CD,EF 等),或者是圆柱的侧面(如果旋转 DE,并且 DE 平行于 AB).因此,可以应用前面的引理.为此,注意到,轴上一点到这些母线(AC,CD,DE 等)中点的垂线段长都相等,就是每条小折线到圆心的距离 a

（即弦心距）．记旋转 AC, CD, DE 等形成的旋转体的侧面积分别为 s_{AC}，s_{CD}，s_{DE}，那么，我们有

$$s_{AC}=AC'\cdot 2\pi a$$
$$s_{CD}=C'D'\cdot 2\pi a$$
$$s_{DE}=D'E'\cdot 2\pi a$$
$$\vdots$$

其中 AC'，$C'D'$，$D'E'$ 等表示相应的小旋转体的高．将这些等式左右两边逐项相加，我们发现旋转折线 $ACDEF$ 所形成的侧面 s_{ACDEF} 的面积是

$$s_{ACDEF}=AF'\cdot 2\pi a$$

当折线的边数无限增加时，弦心距 a 趋近于球的半径 R，而球缺的高 h 即线段 AF' 保持不变．因此，球缺的侧面积可以由通过旋转折线得到的侧面积的极限来定义．由下列公式给出：

$$s=h\cdot 2\pi R=2\pi Rh$$

当折线被内接到任何弧 CE（而不是 AF），从而旋转后就得到球台的侧面．上述讨论对球台的侧面积 s' 仍然成立：

$$s'=h'\cdot 2\pi R=2\pi Rh'$$

其中 h' 表示球台的高 $C'F'$．

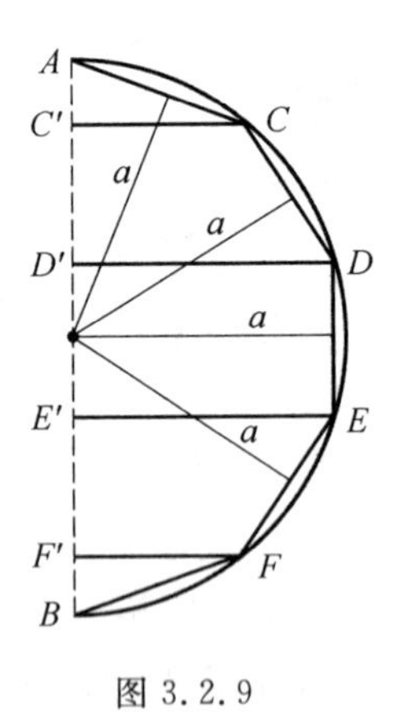

图 3.2.9

§112　定理

球面的面积等于大圆的周长与直径的乘积，等价地，球面的表面积等于大

圆面积的四倍.

旋转半圆得到的球面面积(图3.2.9)可视为旋转弧 AD 和 DB 所形成的表面积之和.

因此,应用前面的定理,我们得到球的面积 s:

$$s=2\pi R\cdot AD'+2\pi R\cdot D'B=2\pi R(AD'+D'B)=2\pi R\cdot 2R=4\pi R^2$$

推论 (1)球面的面积与其半径或直径的平方成正比,用 s 和 S 分别表示半径为 r 和 R 的两个球的球面面积,我们发现

$$s:S=4\pi r^2:4\pi R^2=r^2:R^2=(2r)^2:(2R)^2$$

(2)球面的面积等于与其外接的圆柱的侧面积(图3.2.10),因为圆柱底面圆的半径与球的半径相等,高与直径 $2R$ 相等,因此其侧面积为 $2\pi R\cdot 2R=4\pi R^2$.

(3)此外,(图3.2.10)夹在垂直于轴的两个平面之间的外切圆柱侧面的面积与夹在这两个平面之间的球面的面积相等.事实上,如果 h 表示这两个平面之间的距离,那么它们截得的圆柱面的面积等于 $2\pi Rh$,这与(§111)球面上相应部分的面积相同.

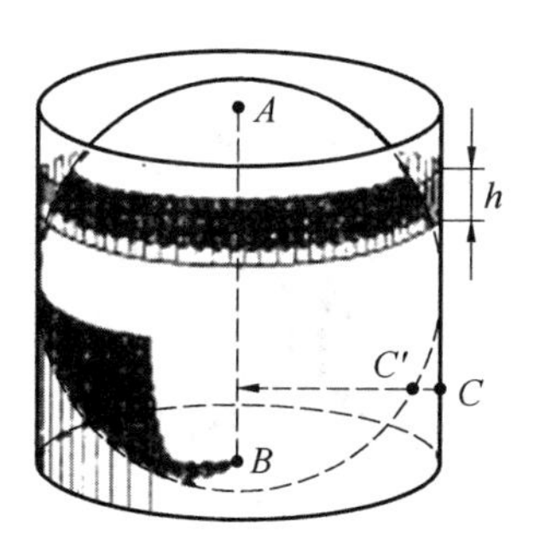

图3.2.10

注 实际上,球面上任何形状的区域的面积与圆柱侧面上对应区域的面积都相等.更准确地说,在外切圆柱的侧面上取点 C(图3.2.10),过 C 向圆柱的轴 AB 作垂线,交球面于点 C',并将其作为点 C 的对应点.用这种方式就可以将圆柱面上任何区域对应到球面上相应的区域.反之亦然,球面上的任何区域也都可以用这种方式对应到圆柱面上的某个区域.考虑到推论(3),以及圆柱面和球面都是关于对称轴 AB 旋转对称的,不难证明对应区域的面积是相等的.

这一事实在制图学中是有用的.也就是说,这是在地图上显示地球表面的

一种方法——所谓的兰伯特等面积圆柱面投影——如上面所解释的那样，把球面投影到圆柱面上(即投影那些离过两个极点的轴稍远的点，或者说除去包含极点的一个小区域)，然后将圆面展开成矩形的平面图(§100). 然而，像通常那样把球面的弯曲展示到平面上是不可能的，但该方法具有保持各区域间面积比例的优点. 例如，在这张地图上，南极可能显得不成比例地大(因为南极在圆柱面上由底面的整个圆周表示)，但实际上南极应与其是地球大陆很少的一部分那样，它的图也应该是很小的.

§113　球面扇形

由圆上的扇形 COD(图 3.2.11)绕不与扇形的弧相交的直径 AB 旋转而成的立体图形称为球面扇形. 球面扇形由两个圆锥的侧面和一个球台的侧面所围成. 后者被称为球面扇形的底. 当旋转轴(BO)与扇形的一条半径(例如 OE)重合时，所得到的球面扇形由圆锥和球缺的侧面所围成. 作为球面扇形的极端情形，整个球是半圆绕其直径旋转而得的.

为了计算球面扇形的体积，我们需要证明以下引理.

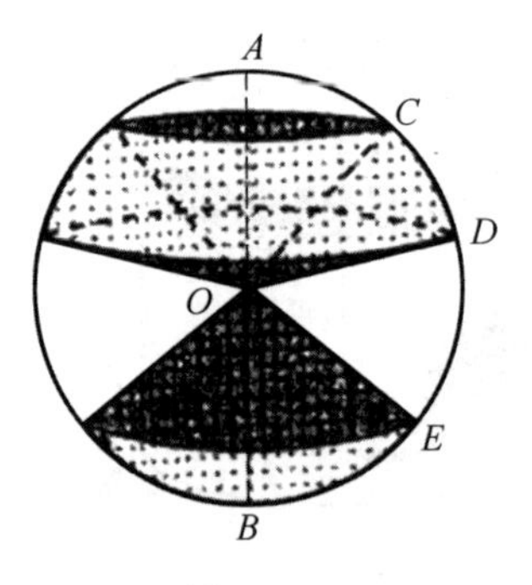

图 3.2.11

§114　引理

如果一个三角形 ABC(图 3.2.13)绕其所在平面上过顶点 A 但不与边 BC 相交的轴 AM 旋转，那么这样得到的旋转体的体积等于旋转边 BC 所形成的面积 s 与过顶点 A 的高 h 的乘积的$\frac{1}{3}$.

考虑以下三种情况：

(1)轴与 AB 边重合(图 3.2.12). 在这种情况下,体积 v 等于通过旋转直角三角形 BCD 和直角三角形 DCA 获得的两个圆锥的体积之和. 第一个圆锥的体积等于$\frac{1}{3}\pi CD^2 \cdot DB$,第二个的体积为$\frac{1}{3}\pi CD^2 \cdot DA$,因此

$$v=\frac{1}{3}\pi CD^2(DB+DA)=\frac{1}{3}\pi CD \cdot CD \cdot BA$$

乘积 $CD \cdot BA$ 等于 $BC \cdot h$,因为它们都等于三角形 ABC 的面积的两倍. 所以

$$v=\frac{1}{3}\pi CD \cdot BC \cdot h$$

但是,根据 §97 中的推论,乘积 $\pi CD \cdot BC$ 是旋转三角形 BCD 得到的圆锥的侧面积,从而有 $v=\frac{sh}{3}$.

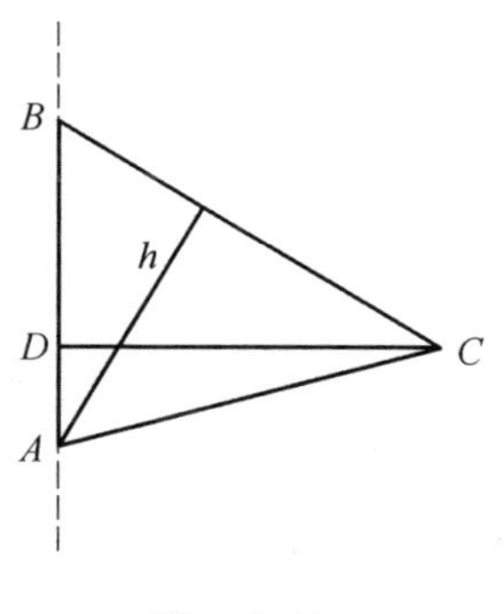

图 3.2.12

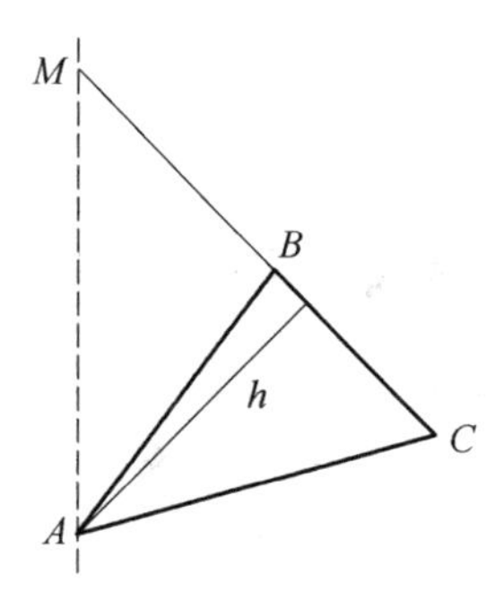

图 3.2.13

(2)轴与 AB 不重合,也不与 BC 平行(图 3.2.13). 在这种情况下,体积 v 是旋转三角形 AMC 和三角形 AMB 得到的立体图形的体积 AMC 和 AMB 的差. 使用第一种情形的结果,我们有

$$v_{ABC}=\frac{h}{3}s_{MC}, v_{AMB}=\frac{h}{3}s_{MB}$$

其中 s_{MC} 和 s_{MB} 是旋转 MC 和 MB 获得的面积. 因此

$$v=\frac{h}{3}(s_{MC}-s_{MB})=\frac{h}{3}s$$

(3)轴与 BC 边平行(图 3.2.14). 体积 v 等于由矩形 $BCDE$ 旋转得到的圆柱的体积 v_{BCDE} 减去由三角形 AEB 和 ADC 旋转而成的立体图形体积 v_{AEB} 和 v_{ADC} 之和. 由于这些立体图形的底面具有相同的半径 h,我们有

$$v_{BCDE}=\pi h^2 \cdot ED, v_{AEB}=\frac{1}{3}\pi h^2 \cdot AE, v_{ADC}=\frac{1}{3}\pi h^2 \cdot AD$$

所以

$$v=\pi h^2\left(ED-\frac{1}{3}AE-\frac{1}{3}AD\right)=\pi h^2\left(ED-\frac{1}{3}ED\right)=\frac{2}{3}\pi h^2 \cdot ED$$

乘积 $2\pi h \cdot ED$ 表示旋转边 BC 而得到的面积. 因此,$v=\frac{sh}{3}$.

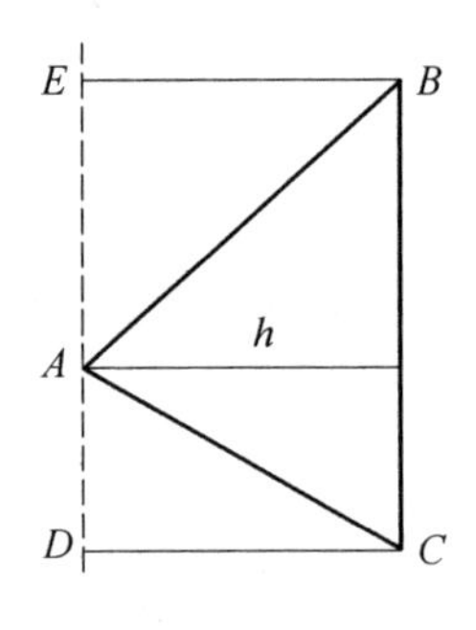

图 3.2.14

§115　球面扇形的体积

对由一个扇区 AOD(图 3.2.15)绕直径 EF 旋转得到的球面扇形,我们在扇形的弧 AD 上内接规则的折线 $ABCD$,并将多边形($OABCD$)(以折线和两端的半径(OA 和 OD)为边)绕同一直径旋转形成一个旋转体. 此时,球面扇形的体积被定义为这些旋转体的体积在规则折线边数无限地增加时的极限.

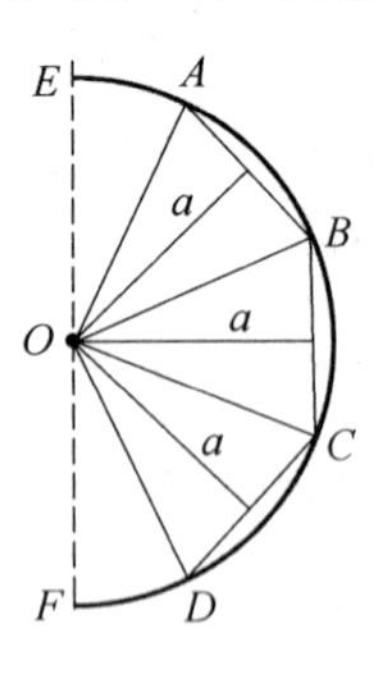

图 3.2.15

§116 定理

球面扇形的体积等于其底面面积和半径的三分之一的乘积.

将扇形 AOD(图 3.2.15)绕直径 EF 旋转得到一个球面扇形,任意数量的规则折线 $ABCD$ 内接在弧 AD 上.用 V 表示旋转这个多边形 $OABCD$ 得到的立体图形的体积.该体积是三角形 OAB,OBC,OCD 等绕轴 EF 旋转获得的体积之和,我们对每一个体积应用§114 的引理,并注意三角形的高都相等,且每条规则折线的弦心距 a 都相等.因此,我们有

$$V=s_{AB}\frac{a}{3}+s_{BC}\frac{a}{3}+\cdots=S\frac{a}{3}$$

其中我们用 s_{AB},s_{BC} 等表示旋转边 AB,BC 等而得的面积,用 S 表示旋转整个折线 $ABCD$ 所得图形的面积.

现在想象折线的边数无限期增加,那么弦心距 a 趋近于半径 R,面积 S 趋近于 s(§110),等于旋转弧 AD 形成的球台(或球缺)的侧面积.这个侧面是球面扇形的底面.因此,球面扇形的体积 v 由如下公式给出:

$$v=\lim V=s\frac{R}{3}$$

注意,如果扇形的一条或两条半径与旋转轴重合,上述讨论仍然成立.

§117 球的体积

将前面的结果应用于半圆绕其直径旋转的极端情形,我们得到以下推论.

推论 1 球的体积等于它的表面积和半径的三分之一的乘积.

推论 2 如我们在§111 中所见,球缺或球台的侧面积由公式 $2\pi Rh$ 给出,其中 R 表示球缺或球台的半径,h 表示其高.用 s 表示球面扇形的底面面积,我们有

$$\text{球形扇形体的体积}=2\pi Rh\cdot\frac{R}{3}=\frac{2}{3}\pi R^2h$$

对于整个球,其高 h 为直径 $d=2R$,我们得到

$$\text{球的体积}=\frac{4}{3}\pi R^3=\frac{4}{3}\pi\left(\frac{d}{2}\right)^3=\frac{1}{6}\pi d^3.$$

由此可见,球的体积与它的半径或直径的立方成正比.

推论 3 球的表面积和体积分别等于它的外切圆柱的表面积和体积的三分之二.

§118 注

(1)推论 3 在公元前 3 世纪被锡拉丘兹的阿基米德证明. 阿基米德非常喜欢这个结果,他要求在他死后,把它刻在墓碑上. 这一请求得到了罗马将军马尔科卢斯的尊重,他的士兵在公元前 212 年占领锡拉丘兹期间杀死了阿基米德. 一位生活在公元 1 世纪的著名罗马政治家西塞罗,描述了他如何通过寻找带有一个球面和一个圆柱的墓碑,而找到了被遗忘的阿基米德墓,甚至能够读出刻在墓碑上的诗句.

(2)作为练习,建议读者证明球的表面积和体积分别等于其外切圆锥的表面积和体积的$\frac{4}{9}$,外切圆锥的母线与其底面直径相等. 将这个命题与推论 3 结合起来,我们可以写出以下等式,其中 Q 代表表面积或体积:

$$\frac{Q_{球}}{4}=\frac{Q_{圆柱}}{6}=\frac{Q_{圆锥}}{9}$$

(3)球的体积公式可以很容易由卡瓦列里原理得出. 实际上,把半径为 R 的球和底面直径与高都是 $2R$ 的圆柱放在同一个平面 P 上(图 3.2.16)(即圆柱能外切球). 假设从圆柱体中移除两个圆锥,每个圆锥的顶点都是圆柱的轴的中点,底面是圆柱的底面. 剩下的立体图形的体积和球的体积是相等的. 要证明这一点,作与平面 P 平行的任何截面,球心到截面的距离为 d,在球上的截面圆的半径为 r,那么这个截面的面积等于 $\pi r^2=\pi(R^2-d^2)$.

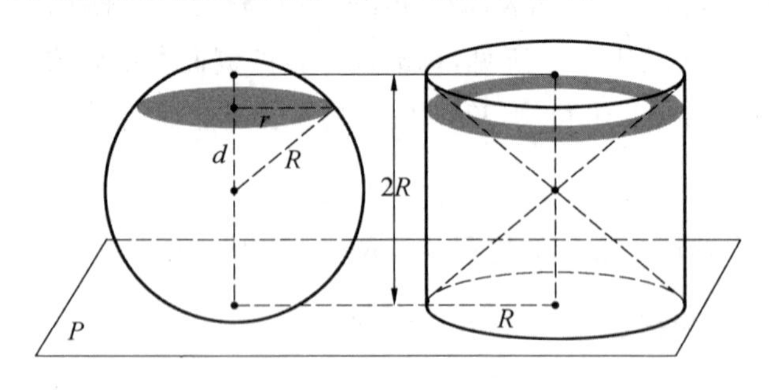

图 3.2.16

圆柱剩余立体图形的截面是一个圆环,其外圆半径为 R,内圆半径为 d(因

为圆锥的轴与其母线之间的夹角为 45°). 因此,圆环的面积等于

$$\pi R^2-\pi d^2=\pi(R^2-d^2)$$

我们看到这两个立体图形的平行于 P 的截面的面积都相同,因此,根据卡瓦列里原理,这两个立体的体积相同. 圆柱剩下的立体图形的体积等于圆柱体积减去圆锥体积的两倍:

$$\pi R^2\cdot 2R-2\cdot\frac{1}{3}\pi R^2\cdot R=2\pi R^3-\frac{2}{3}\pi R^3=\frac{4}{3}\pi R^3$$

这就是半径为 R 的球的体积.

(4)球的体积也可以通过以下简单的论证来推导(尽管不够十分严格). 想象一下,整个球面被分割成非常小的片,每个小片上的所有点通过半径与球心相连. 因此,球被分割成大量的小立体. 它们中的每一个都可以被视为(近似)顶点位于球心的棱锥. 棱锥的体积等于其底面积和高(可以视为球的半径)的三分之一的乘积. 因此球的体积 v 等于棱锥体积之和,即 $v=s\cdot\frac{1}{3}R$,其中 s 表示所有棱锥底面积之和,但这个和就是球的表面积,即

$$v=4\pi R^2\cdot\frac{R}{3}=\frac{4}{3}\pi R^3$$

因此球的体积可以通过球的表面积来表示. 反之,球的表面积 s 可以从球的体积公式 $s\cdot\frac{1}{3}R=\frac{4}{3}\pi R^3$ 中得出,因此 $s=4\pi R^2$.

(5)事实上,上述论点适用于作为立体角的球的任何部分. 考虑球面上的一个以闭曲线 C 围成的区域 B,并将该区域上的所有点由半径与球心相连,由此得到的球的部分(见 § 92 的一般意义下,即为圆锥曲面,以曲线 C 为准线,半径为母线)称为以 B 为底面,以球心为顶点的立体角. 将底面分成许多小块,并根据注(4)中的讨论,我们得出结论,半径为 R 球的立体角的体积 V 与其底面积 S 之间的关系为:$V=\frac{SR}{3}$.

练　习

1. 求空间中一个给定点在通过另一个点的平面上的投影点的轨迹.

2. 求包含给定直线的平面截一给定球所得的截面中心的轨迹. 分别考虑直线与球相交、相切或不相交的情况.

3. 求经过给定点的平面截一个球所得的截面中心的轨迹，分别考虑给定点位于球内、球面或球外的情况.

4. 过球外的给定一点作球面的切线，求切点的轨迹.

5. 证明：从一个给定球外的一个定点到球面的所有切线段彼此相等.

6. 联结两个球的球心的线段称为它们的球心线. 证明：如果两个球面彼此相切(即只有一个公共点)，那么切点位于球心线上(或其延长上，如果一个球位于另一个球的内部)，在切点处有一个公共切平面，且该平面垂直于球心线.

7. 证明：两个球是相切的，当且仅当它们的球心线与其半径的和或差相等.

8. 证明：在一个四面体中，如果三对对棱的和相等，那么它的四个顶点是两两相切的四个球的球心.

9. 证明：如果四面体的顶点是两对相切球的球心，那么这些球的切点处的六个公共切平面都通过同一点.

10. 找到一个四面体的所有棱与同一个球相切的一个充分必要条件.

11. 与一个多面体或者多面角的所有面都相切的球称为其内切球. 求给定三面角的内切球的球心的轨迹.

12. 在空间中，作出与三个给定点等距的点的轨迹.

13. 在给定的平面上，求与平面相切的半径为 r 的球和与其相切的给定半径 r 的球的相切点的几何轨迹.

14. 给定一个平面和其外两个点，过这两个点的球面与这个平面相切，作出切点的轨迹.

15. 证明：四面体具有唯一的内切球和唯一的外接球.(如果一个多面体的所有顶点都在一个球面上，那么该球称为多面体的外接球.)

16. 给定一个所有平面角都是直角的三面角，两个相切的球与其内切，计算它们半径的比值.

17. 证明：任意正棱锥都有唯一的外接球，它的球心位于正棱锥高上.

18. 证明：任意正棱锥都有唯一的内切球，它的球心位于正棱锥高上.

19. 一个正四棱锥的内切球和外接球的球心重合，计算这个正四棱锥顶点的平面角.

20. 计算一个边长为 1 m 的立方体的外接球的半径.

21. 证明：如果一个多面体中的角都是三面角，每个面都有一个外接圆，那么这个多面体就可以被一个球外切.

22. 证明：如果一个球内切于棱锥，那么棱锥的侧面积等于表面积的$\frac{2}{3}$.

23. 证明：一个球内切于圆台当且仅当圆台的两个底面半径之和与母线相等.

24. 证明：一个球内切于圆台当且仅当圆台的高是其两个底面直径的几何平均值.

25. 火星的直径是地球直径的两倍，木星的直径是地球直径的 11 倍. 木星的表面积和体积是火星的几倍？

26. 一个圆柱形容器，底面半径为 6 cm，里面装了一半的水. 一个半径为 3 cm的球完全浸在水中后，水位将上升多少厘米？

27. 一个半径为 15.5 cm 的空心铁球漂浮在水中，有一半浸在水中. 如果铁的密度是 7.75 g/cm^3，那么外壳的厚度是多少？

28. 计算母线为 21 cm、底面半径分别为 27 cm 和 18 cm 的圆锥的体积和侧面积.

29. 给定一个半径为 113 cm 的球，一个平面截面切出的较小球缺的侧面积与同底面且以球心为顶点的圆锥的侧面积的比为 7 ∶ 4，求球心到这个截面的距离.

30. 沿着半径为 2 cm 的球的直径，钻出半径为 1 cm 的圆柱形的孔. 计算球的剩余部分的体积.

31. 计算底面半径 $r=5$ cm，母线 $l=13$ cm 的圆锥的内切球的体积.

32. 计算由等边三角形和它的内切圆盘绕三角形的高旋转形成的两个旋转体的体积之比.

33. 证明：球的外切多面体的体积等于球的半径和多面体表面积乘积的$\frac{1}{3}$.

34. 球与正四面体的所有棱都相切. 比较它们的体积和表面积的大小.

35. 一个立体图形由到边长为 a 的正方体内部或表面上的点的距离不超过 r 的所有点组成，计算该立体图形的体积和表面积.

36. 一个立体图形是由到给定多边形（面积为 a，半周长为 p）内部或边界上的点的距离不超过 r 的所有的点组成，证明：该立体图形的体积 V 和表面积 S

为

$$V=2rs+\pi r^2 p+\frac{4}{3}\pi r^3, S=2s+2\pi rp+4\pi r^2$$

37. 证明：一个球的外切圆锥的母线长与底面半径相等，则球的表面积和体积分别等于这个外切圆锥的表面积和体积的$\frac{4}{9}$.

38. 证明：球缺的体积等于圆柱的体积，该圆柱的底面半径与球缺的高相等，高等于球缺的半径减去球缺高的$\frac{1}{3}$，即

$$v=\pi h^2\left(R-\frac{h}{3}\right)$$

其中 v 表示球缺的体积，h 是它的高，R 是球的半径.

39. 证明：球台的体积可以由下列公式计算：

$$v=\pi\frac{h^3}{6}+\pi(r_1^2+r_2^2)\frac{h}{2}$$

其中 h 为球台的高，r_1 和 r_2 分别为上下两个底面的半径.

40. 给定的一个多面角与以其顶点为球心半径为 R 的球相交，证明：位于该多面角内的部分球面的面积 S 与 R^2 成正比.

注 这个比值 $S:R^2$ 可以作为多面角度的度量(或者更一般地说，是任意一个立体角的度量).

41. 计算立方体的多面角的度量.

42. 计算母线为 l，高为 h 的圆锥的顶点处的立体角的度数.

第4章　向量与几何基础

第1节　向量的代数运算

§119　向量的定义

在物理学中，某些量(例如距离、体积、温度或质量)完全以它们的大小为特征，并用实数表示选定的单位．这些量称为标量．其他一些(例如速度、加速度或力)不能仅仅用它们的大小表示，因为它们的方向也可能不同，这种量称为向量．

因此为了在几何上表示向量，我们画一个箭头联结空间中的两个点，例如点 A 和点 B(图4.1.1)．我们称它为从点 A 到点 B 的有向线段，记作 $\overrightarrow{AB}$．

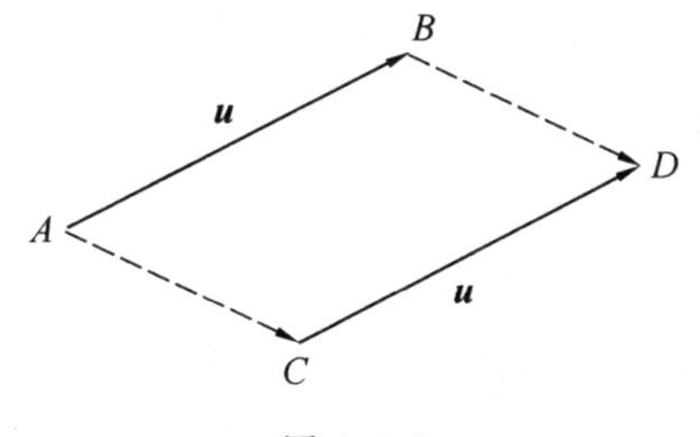

图 4.1.1

同一向量可以用不同的有向线段表示．根据定义，如果两个有向线段($\overrightarrow{AB}$ 和 $\overrightarrow{CD}$)可以平移(§72)后重合，那么它们表示相同的向量，换句话说，相同向量必须位于同一条直线或在两条平行线上，指向相同的方向(在两个可能的方向中)，且必须具有相同的长度．在这种情况下，我们记 $\overrightarrow{AB}=\overrightarrow{CD}$，并且说由这些有向线段表示的向量是相等的．注意到当四边形 $ABCD$ 是一个平行四边形时，$\overrightarrow{AB}=\overrightarrow{CD}$．

我们还可以用黑体的小写字母表示向量，例如向量 $\boldsymbol{u}$(图4.1.1)．

§ 120 向量的加法

给定两个向量 $\boldsymbol{u}$ 和 $\boldsymbol{v}$，它们的和定义如下：用任意一个有向线段$\overrightarrow{AB}$来表示向量$\boldsymbol{u}$(图 4.1.2). 用有向线段$\overrightarrow{BC}$表示 $\boldsymbol{v}$，其中$\overrightarrow{BC}$的起点 B 与$\overrightarrow{AB}$的终点重合，那么有向线段$\overrightarrow{AC}$表示 $\boldsymbol{u}$ 和 $\boldsymbol{v}$ 的和.

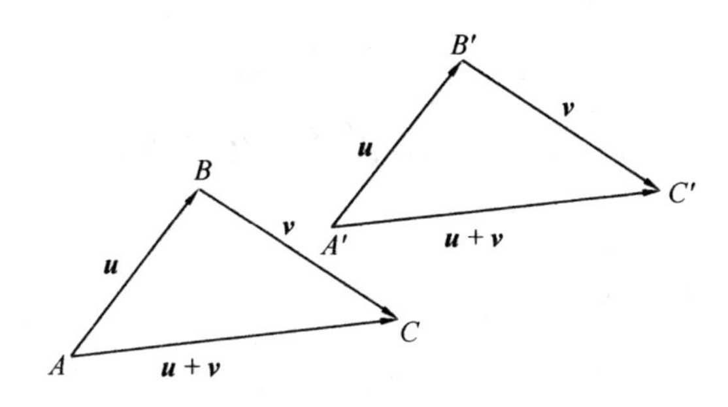

图 4.1.2

这样定义的向量之和不依赖于表示向量 $\boldsymbol{u}$ 的有向线段的选择. 实际上，如果选择另一个$\overrightarrow{A'B'}$来表示$\boldsymbol{u}$，有向线段$\overrightarrow{B'C'}$(接着终点 B')表示 $\boldsymbol{v}$，那么四边形 $ABB'A'$ 和 $BCC'B'$ 是平行四边形. 因此，线段 AA' 与 CC' 平行且相等，并且具有相同的方向(因为它们与 BB' 相等且平行，并且有相同的方向)，所以四边形 $ACC'A'$ 也是一个平行四边形. 因此，有向线段$\overrightarrow{AC}$和$\overrightarrow{A'C'}$表示同一个向量.

向量的加法是可交换的，也就是说，和不取决于加数的顺序，即对所有的向量 $\boldsymbol{u}$ 和 $\boldsymbol{v}$ 有

$$\boldsymbol{u}+\boldsymbol{v}=\boldsymbol{v}+\boldsymbol{u}$$

实际上，用具有相同起点 A 的有向线段$\overrightarrow{AB}$和$\overrightarrow{AD}$表示向量(图 4.1.3). 在三角形 ABD 所在的平面上，作 BC 平行于 AD，DC 平行于 AB，并用 C 表示它们的交点. 那么 $ABCD$ 是一个平行四边形，因此$\overrightarrow{DC}=\boldsymbol{u}$，$\overrightarrow{BC}=\boldsymbol{v}$. 于是，平行四边形的对角线对应的有向线段$\overrightarrow{AC}$是一个表示 $\boldsymbol{u}+\boldsymbol{v}$ 和 $\boldsymbol{v}+\boldsymbol{u}$ 的有向线段.

向量的加法满足结合律，即三个(或更多)向量之和不取决于加数的顺序，即对所有向量 $\boldsymbol{u}$，$\boldsymbol{v}$ 和 $\boldsymbol{w}$，都有

$$(\boldsymbol{u}+\boldsymbol{v})+\boldsymbol{w}=\boldsymbol{u}+(\boldsymbol{v}+\boldsymbol{w})$$

实际上，用具有相同起点 A 的有向线段$\overrightarrow{AB}$，$\overrightarrow{AC}$和$\overrightarrow{AD}$表示向量 $\boldsymbol{u}$，$\boldsymbol{v}$ 和 $\boldsymbol{w}$(图 4.1.4)，然后构造平行六面体 $ABCDA'B'C'D'$，它的边都平行于 AB，AC

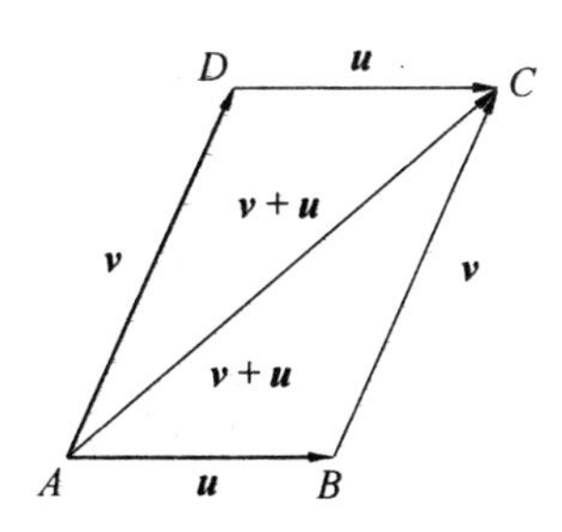

图 4.1.3

或 AD. 那么无论加数的顺序和加法的运算顺序如何，对角线对应的有向线段 $\overrightarrow{AA'}$ 表示向量和 $\boldsymbol{u}+\boldsymbol{v}+\boldsymbol{w}$. 例如

$$\overrightarrow{AA'}=\overrightarrow{AB}+\overrightarrow{BA'}=\overrightarrow{AB}+(\overrightarrow{BD'}+\overrightarrow{D'A'})=\boldsymbol{u}+(\boldsymbol{v}+\boldsymbol{w})$$

由于 $\overrightarrow{BD'}=\overrightarrow{AC}=\boldsymbol{v}$，$\overrightarrow{D'A'}=\overrightarrow{AD}=\boldsymbol{w}$，从而有

$$\overrightarrow{AA'}=\overrightarrow{AD'}+\overrightarrow{D'A'}=(\overrightarrow{AB}+\overrightarrow{BD'})=\overrightarrow{D'A'}=(\boldsymbol{u}+\boldsymbol{v})+\boldsymbol{w}$$

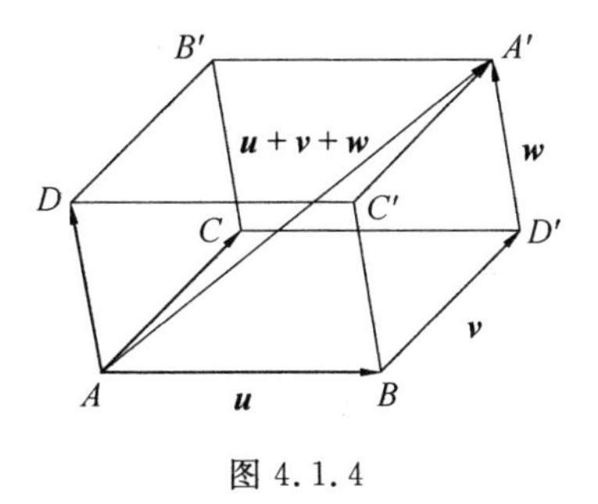

图 4.1.4

§ 121　标量与向量的乘积

给定一个标量（比如一个实数）α 和一个向量 $\boldsymbol{u}$，就可以形成一个新的向量 $\alpha\boldsymbol{u}$，称为标量与向量的乘积.

也就是说，用任意一个有向线段 $\overrightarrow{AB}$（图 4.1.5）表示 $\boldsymbol{u}$，并将其应用于与任何中心为 S 且系数 $\alpha\neq 0$ 的相似中（§ 70－§ 72）. 那么形成的 $\overrightarrow{A'B'}$ 代表向量 $\alpha\boldsymbol{u}$. 换句话说，由于三角形 SAB 和三角形 $SA'B'$ 相似，所以表示向量 $\alpha\boldsymbol{u}$ 的有向线段 $\overrightarrow{A'B'}$ 与 $\overrightarrow{AB}$ 平行（或位于同一条直线上），长度为 $\overrightarrow{AB}$ 长的 $|\alpha|$ 倍，当 α 为正数时与 $\overrightarrow{AB}$ 方向相同，α 为负数时与 $\overrightarrow{AB}$ 方向相反.

我们通常称 $\boldsymbol{u}$ 和 $\alpha\boldsymbol{u}$ 为比例向量，数字 α 称为比例系数.

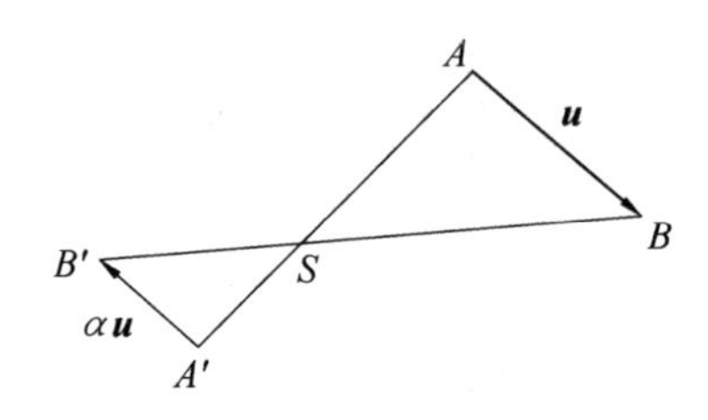

图 4.1.5

在 $\alpha=0$ 的特殊情况下,乘积 $0\boldsymbol{u}$ 可以用起点和终点重合的任何有向线段表示.此时称这个向量为零向量,记为 $\mathbf{0}$.于是,对任意向量 $\boldsymbol{u}$,有

$$0\boldsymbol{u}=\mathbf{0}$$

标量与向量的乘法满足分配律,即对于所有向量 $\boldsymbol{u}$ 和 $\boldsymbol{v}$ 以及每个标量 α,我们都有

$$\alpha(\boldsymbol{u}+\boldsymbol{v})=\alpha\boldsymbol{u}+\alpha\boldsymbol{v}$$

实际上,用三角形 ABC(图 4.1.6)的边 $\overrightarrow{AB}$ 表示 $\boldsymbol{u}$,$\overrightarrow{BC}$ 表示 $\boldsymbol{v}$,$\overrightarrow{AC}$ 表示它们的和 $\boldsymbol{u}+\boldsymbol{v}$,设三角形 $A'B'C'$ 与三角形 ABC(相对于任何中心 S)具有相同系数 α.那么

$$\overrightarrow{A'B'}=\alpha\boldsymbol{u},\overrightarrow{B'C'}=\alpha\boldsymbol{v},\overrightarrow{A'C'}=\alpha(\boldsymbol{u}+\boldsymbol{v})$$

由于 $\overrightarrow{A'C'}=\overrightarrow{A'B'}+\overrightarrow{B'C'}$,分配律成立.

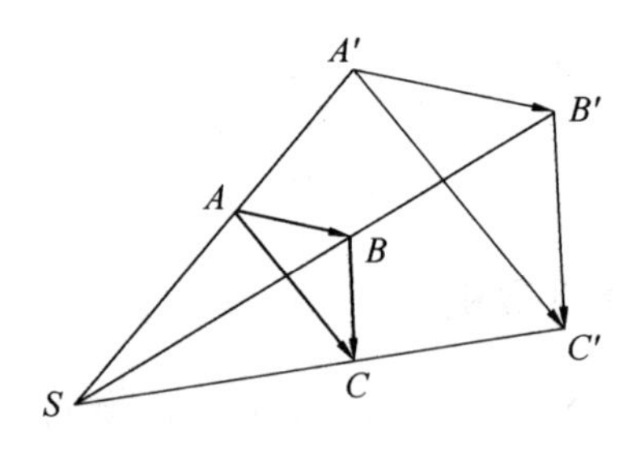

图 4.1.6

根据数字运算的几何意义,得到向量乘标量的另外两个性质

$$(\alpha+\beta)\boldsymbol{u}=\alpha\boldsymbol{u}+\beta\boldsymbol{u},(\alpha\beta)\boldsymbol{u}=\alpha(\beta\boldsymbol{u})$$

实际上,令 $\overrightarrow{OU}=\boldsymbol{u}$(图 4.1.7).取线段 OU 的长度为单位长度,令点 O 和点 U 分

别表示数字 0 和 1,可以用数轴来表示无限直线 OU(见《基谢廖夫平面几何》[1]). 那么任何一个标量 α 都可用数轴上唯一的一个点 A 表示,使得 $\overrightarrow{OA}=\alpha\overrightarrow{OU}$. 此外,直线上向量的加法和它们与标量的乘法都可用相应数的加法和乘法表示. 例如,如果 B 是直线上的另一个点,使得 $\overrightarrow{OB}=\beta\overrightarrow{OU}$,那么向量和 $\overrightarrow{OA}+\overrightarrow{OB}$ 对应于数轴上的数字 $\alpha+\beta$,即 $\alpha\overrightarrow{OU}+\beta\overrightarrow{OU}=(\alpha+\beta)\overrightarrow{OU}$. 类似的,用一个标量 α 乘以 $\overrightarrow{OB}$(对应于数轴上的点 B),我们得到一个与数的乘积 $\alpha\beta$ 对应的新向量,即 $\alpha(\beta\overrightarrow{OU})=(\alpha\beta)\overrightarrow{OU}$.

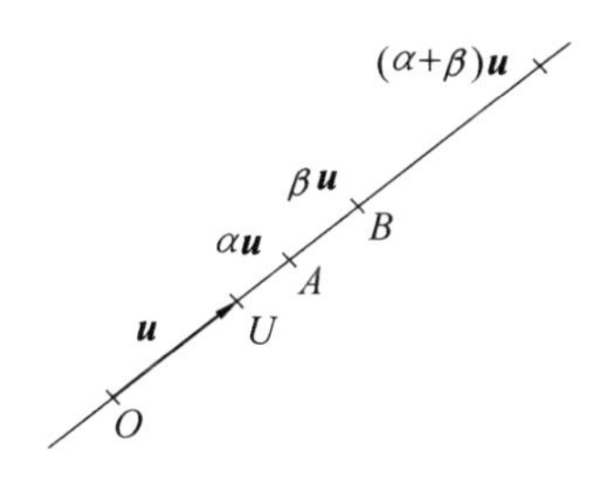

图 4.1.7

有向线段　(1)如果有向线段 $\overrightarrow{AB}$ 表示向量 $\boldsymbol{u}$,那么反向线段 $\overrightarrow{BA}$ 表示向量 $(-1)\boldsymbol{u}$,简记为 $-\boldsymbol{u}$. 注意,互为反向的向量的和向量是 $\mathbf{0}$. 这一点在 $\overrightarrow{AB}+\overrightarrow{BA}=\overrightarrow{AA}=\mathbf{0}$ 中是显而易见的,同样可以由分配律得到

$$\mathbf{0}=0\boldsymbol{u}=(-1+1)\boldsymbol{u}=(-1)\boldsymbol{u}+1\boldsymbol{u}=-\boldsymbol{u}+\boldsymbol{u}$$

(2)如果向量 $\boldsymbol{u}$ 和 $\boldsymbol{v}$ 分别由具有公共起点的有向线段 $\overrightarrow{AB}$ 和 $\overrightarrow{AC}$ 表示,那么差向量 $\boldsymbol{v}-\boldsymbol{u}$ 可以用联结两个有向线段的终点的有向线段 $\overrightarrow{BC}$ 表示(因为 $\overrightarrow{AB}+\overrightarrow{BC}=\overrightarrow{AC}$).

在向量代数的几何应用中,为了方便,通常可以用具有公共起点的有向线段来表示所有向量,这个公共起点称为原点,可以任意选择. 一旦选择了原点 O,空间中的每个点 A 都会由一个唯一的向量 $\overrightarrow{OA}$ 表示,该向量称为点 A 相对于原点 O 的向径.

§122　问题

给定三角形 ABC 顶点的向径 $\boldsymbol{a}$,$\boldsymbol{b}$ 和 $\boldsymbol{c}$,计算三角形 ABC 重心的向径 $\boldsymbol{m}$

---

① 基谢廖夫. 基谢廖夫平面几何[M]. 陈艳杰,程晓亮,译. 哈尔滨:哈尔滨工业大学出版社,2022.

(图 4.1.8).

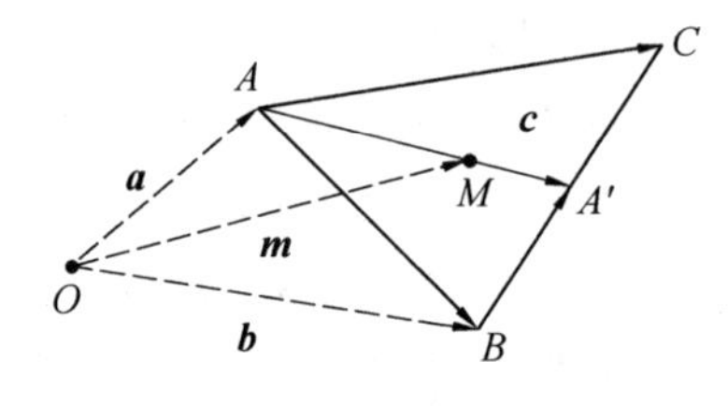

图 4.1.8

回想一下,重心是三条中线的交点.用 A' 表示边 BC 的中点,在中线 AA' 上标记点 M,使得点 M 按 $AM:MA'=2:1$ 的比例划分中线.我们有:$\overrightarrow{AB}=\boldsymbol{b}-\boldsymbol{a}$,$\overrightarrow{BC}=\boldsymbol{c}-\boldsymbol{b}$,因此

$$\overrightarrow{AA'}=\overrightarrow{AB}+\frac{1}{2}\overrightarrow{BC}=\boldsymbol{b}-\boldsymbol{a}+\frac{1}{2}\boldsymbol{c}-\frac{1}{2}\boldsymbol{b}=\frac{1}{2}(\boldsymbol{b}+\boldsymbol{c}-2\boldsymbol{a})$$

所以

$$\overrightarrow{OM}=\overrightarrow{OA}+\overrightarrow{AM}=\overrightarrow{OA}+\frac{2}{3}\overrightarrow{AA'}=\boldsymbol{a}+\frac{1}{3}(\boldsymbol{b}+\boldsymbol{c}-2\boldsymbol{a})=\frac{1}{3}(\boldsymbol{a}+\boldsymbol{b}+\boldsymbol{c})$$

显然,对于其他两条中线,同样的结果仍然成立.于是,向径

$$\boldsymbol{m}=\frac{1}{3}(\boldsymbol{a}+\boldsymbol{b}+\boldsymbol{c})$$

的终点位于三条中线上,因此与重心重合.额外地,我们得到了共点定理的一个新的证明:三角形的三条中线的交点将中线从顶点划分为 2∶1 的两部分.

§123　点积

给定两个向量 $\boldsymbol{u}$ 和 $\boldsymbol{v}$,它们的点积 $\boldsymbol{u}\cdot\boldsymbol{v}$(也称为数量积)是一个数,定义为向量的长度和方向之间夹角的余弦的乘积.因此,如果向量由有向线段$\overrightarrow{OU}$和$\overrightarrow{OV}$表示(图 4.1.9),那么

$$\boldsymbol{u}\cdot\boldsymbol{v}=OU\cdot OV\cdot\cos\angle VOU$$

特别地,向量与其自身的点积等于向量长度的平方

$$\boldsymbol{u}\cdot\boldsymbol{u}=|\boldsymbol{u}|^2,\ |\boldsymbol{u}|=\sqrt{\boldsymbol{u}\cdot\boldsymbol{u}}$$

如果 $\theta(\boldsymbol{u},\boldsymbol{v})$ 表示两个非零向量方向之间的夹角,那么

$$\cos\theta(\boldsymbol{u},\boldsymbol{v})=\frac{\boldsymbol{u}\cdot\boldsymbol{v}}{|\boldsymbol{u}|\,|\boldsymbol{v}|}$$

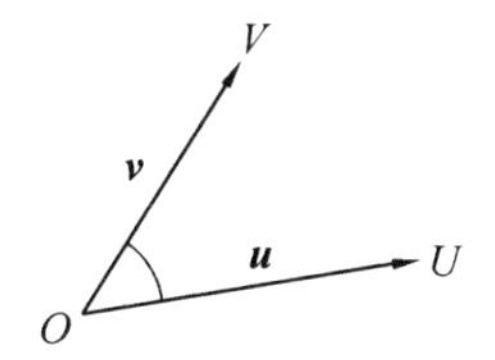

图 4.1.9

因此，点积运算使用的是有关距离和角度的信息.

现在，我们来定义任意向量 $\boldsymbol{u}$ 到单位向量 $\boldsymbol{v}$ 方向的符号投影，即假设 $|\boldsymbol{v}|=1$. 令有向线段$\overrightarrow{AB}$和$\overrightarrow{OV}$(图 4.1.10)表示这两个向量. 考虑点 A 和点 B 在直线 OV 上的投影. 为此，通过点 A 和点 B 绘制平面 P 和平面 Q 垂直 OV，交点分别为 A' 和 B'. 用数轴表示 OV，用数字 α 和 β 表示这些点的位置，并引入符号投影作为它们的差 $\beta-\alpha$. 它不依赖于表示向量的有向线段的选择，因为它等于它们的点积：$\beta-\alpha=\boldsymbol{u}\cos\theta(\boldsymbol{u},\boldsymbol{v})$. 实际上，通过点 A 作直线 $AC /\!/ OV$，并将其延伸到与平面 Q 的交点 C 处. 那么 $AC=A'B'$(作为两个平行平面之间的平行线段)，$\angle BAC=\theta(\boldsymbol{u},\boldsymbol{v})$. 如果$\overrightarrow{A'B'}$的方向与$\overrightarrow{OV}$的方向一致，那么 $\beta-\alpha$ 的符号是正的. 即当 $\angle BAC$ 是锐角时，$\beta-\alpha$ 的符号是正的，否则当 $\angle BAC$ 是钝角时，$\beta-\alpha$ 的符号是负的. 因此，我们发现 $\beta-\alpha=AB\cdot\cos\angle BAC=\boldsymbol{u}\cdot\boldsymbol{v}$. 我们得到了点积运算的几何解释：任何向量与单位向量的点积等于前者在后者方向上的符号投影.

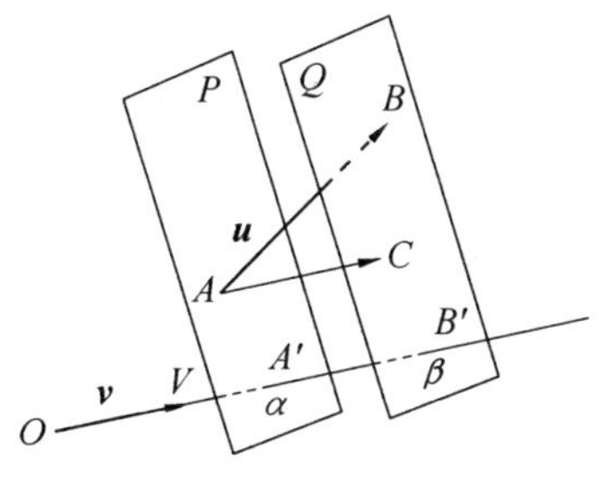

图 4.1.10

§ 124　点积的代数性质

(1)点积运算具有对称性，即对于任一向量 $\boldsymbol{u},\boldsymbol{v}$，

$$\boldsymbol{u}\cdot\boldsymbol{v}=\boldsymbol{v}\cdot\boldsymbol{u}$$

因为等式 $\cos\theta(\boldsymbol{u},\boldsymbol{v})=\cos\theta(\overrightarrow{\boldsymbol{v},\boldsymbol{u}})$ 显然成立.

(2)点积 $\boldsymbol{u}\cdot\boldsymbol{v}$ 对于任一向量都是齐次的(阶数 1),即对于所有向量 $\boldsymbol{u},\boldsymbol{v}$ 和任意标量 α,都有

$$(\alpha\boldsymbol{u})\cdot\boldsymbol{v}=\alpha(\boldsymbol{u}\cdot\boldsymbol{v})=\boldsymbol{u}\cdot(\alpha\boldsymbol{v})$$

只需要验证第一个等式(因为第二个等式可由点积的对称性得出). $\alpha\boldsymbol{u}$ 的长度为 $\boldsymbol{u}$ 的长度的 $|\alpha|$ 倍. 因此 α 为正(或零)的属性显而易见,因为在这种情况下,这些向量的方向是一致的. 在 α 为负的情况下,向量 $\alpha\boldsymbol{u}$ 和 $\boldsymbol{u}$ 方向相反(图 4.1.11). 他们与向量 $\boldsymbol{u}$ 所成的角互补,因此他们的余弦值相反,等式仍然成立.

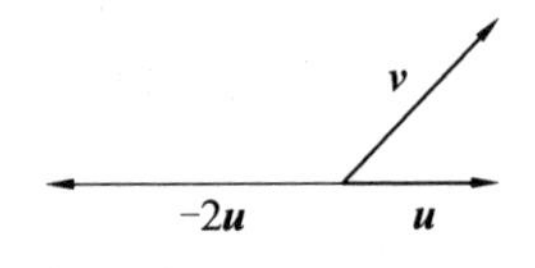

图 4.1.11

(3)点积相对于每个向量都是累加的,即对于任意向量 $\boldsymbol{u},\boldsymbol{v}$ 和 $\boldsymbol{w}$,都有

$$(\boldsymbol{u}+\boldsymbol{v})\cdot\boldsymbol{w}=\boldsymbol{u}\cdot\boldsymbol{w}+\boldsymbol{v}\cdot\boldsymbol{w}$$

$$\boldsymbol{w}\cdot(\boldsymbol{u}+\boldsymbol{v})=\boldsymbol{w}\cdot\boldsymbol{u}+\boldsymbol{w}\cdot\boldsymbol{v}$$

由于对称性,仅验证第一个等式即可. 我们可以假设 $\boldsymbol{w}\neq\boldsymbol{0}$(否则这三项都会消失). 根据齐次性,将每个向量都除以向量 $\boldsymbol{w}$ 的长度,可以得到这个等式当 $|\boldsymbol{w}|=1$ 时的特例. 令 ABC(图 4.1.12)是一个三角形,使得 $\overrightarrow{AB}=\boldsymbol{u}$, $\overrightarrow{BC}=\boldsymbol{v}$,因此 $\overrightarrow{AC}=\boldsymbol{u}+\boldsymbol{v}$. 用点 A',B',C' 表示点 A,B,C 在单位有向线段 $\overrightarrow{OW}=\boldsymbol{w}$ 上的投影,用数字 α,β,γ 表示投影点. 那么

$$\boldsymbol{u}\cdot\boldsymbol{w}=\beta-\alpha,\boldsymbol{v}\cdot\boldsymbol{w}=\gamma-\beta,(\boldsymbol{u}+\boldsymbol{v})\cdot\boldsymbol{w}=\gamma-\alpha,(\beta-\alpha)+(\gamma-\beta)=\gamma-\alpha$$

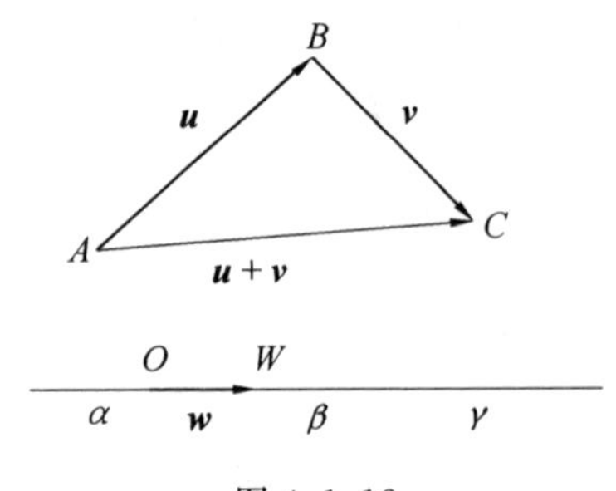

图 4.1.12

§125　例子

点积运算的一些应用是基于其代数特性的简单性.

(1)垂直向量的点积为零,因为 $\cos 90°=0$. 因此，如果我们用 $\boldsymbol{u}$ 和 $\boldsymbol{v}$ 表示一个直角三角形 ABC 的两个直角边$\overrightarrow{AB}$和$\overrightarrow{BC}$，那么它的斜边$\overrightarrow{AC}$可以用 $\boldsymbol{u}+\boldsymbol{v}$ 来表示，它的长度的平方计算如下

$$(\boldsymbol{u}+\boldsymbol{v})\cdot(\boldsymbol{u}+\boldsymbol{v})=\boldsymbol{u}\cdot(\boldsymbol{u}+\boldsymbol{v})+\boldsymbol{v}\cdot(\boldsymbol{u}+\boldsymbol{v})=\boldsymbol{u}\cdot\boldsymbol{u}+\boldsymbol{v}\cdot\boldsymbol{v}$$

因为 $\boldsymbol{u}\cdot\boldsymbol{v}=\boldsymbol{v}\cdot\boldsymbol{u}=0$,从而 $AC^2=AB^2+BC^2$,因此，我们再次证明了勾股定理.

(2)更一般地,给定任何三角形 ABC,令 $\boldsymbol{u}=\overrightarrow{AB}$,$\boldsymbol{v}=\overrightarrow{AC}$并计算

$$\begin{aligned}BC^2&=(\boldsymbol{v}-\boldsymbol{u})\cdot(\boldsymbol{v}-\boldsymbol{u})=\boldsymbol{v}\cdot\boldsymbol{v}-\boldsymbol{v}\cdot\boldsymbol{u}-\boldsymbol{u}\cdot\boldsymbol{v}+\boldsymbol{u}\cdot\boldsymbol{u}\\&=\boldsymbol{u}\cdot\boldsymbol{u}+\boldsymbol{v}\cdot\boldsymbol{v}-2\boldsymbol{u}\cdot\boldsymbol{v}\\&=AB^2+AC^2-2AB\cdot AC\cdot\cos\angle BAC.\end{aligned}$$

这就是余弦定理(见《基谢廖夫平面几何》①).

练　　习

1. 证明:对每条封闭的折线 $ABCDE$,都有

$$\overrightarrow{AB}+\overrightarrow{BC}+\cdots+\overrightarrow{DE}+\overrightarrow{EA}=\mathbf{0}.$$

2. 证明:如果三个单位向量之和等于 $\mathbf{0}$,那么每对向量之间的夹角等于 $120°$.

3. 证明:如果同一平面上的四个单位向量之和等于 $\mathbf{0}$,那么它们就形成了两对相反的向量. 如果向量不在同一平面上,结论是否仍然正确?

4. * 令 $ABCDE$ 为一个中心为 O 的正多边形. 证明:$\overrightarrow{OA}+\overrightarrow{OB}+\cdots+\overrightarrow{OE}=\mathbf{0}$.

5. 在同一平面的三个圆上,三角形的三个顶点以相等的恒定角速度顺时针移动. 找出三角形的重心是如何移动的.

6. 证明:如果 AA'是三角形 ABC 的中线,那么

$$\overrightarrow{AA'}=\frac{1}{2}(\overrightarrow{AB}+\overrightarrow{AC}).$$

---

① 基谢廖夫. 基谢廖夫平面几何[M]. 陈艳杰,程晓亮,译. 哈尔滨:哈尔滨工业大学出版社,2022.

7. 证明：与三角形中线相等的三条线段，可以形成另一个三角形.

8. 一个三角形的边与另一个三角形的中线平行. 证明后一个三角形的中线与前一个三角形的边平行.

9. 由一个给定三角形的中线形成一个新的三角形，由它的中线又能形成另一个三角形. 证明第三个三角形与第一个三角形相似，并求出相似系数.

10. 联结 AB 和 CD 的中点与 BC 和 DE 的中点形成两条线段，再联结这两条线段的中点. 证明所得到的线段与 AE 平行，并且等于 $\frac{1}{4}AE$.

11. 证明点 X 位于直线 AB 上，当且仅当对某些标量 α 和任何意原点 O，向径满足方程

$$\overrightarrow{OX}=\alpha\overrightarrow{OA}+(1-\alpha)\overrightarrow{OB}.$$

12. 证明：如果向量 $\boldsymbol{u}+\boldsymbol{v}$ 和 $\boldsymbol{u}-\boldsymbol{v}$ 互相垂直，那么 $|\boldsymbol{u}|=|\boldsymbol{v}|$.

13. 对于任意向量 $\boldsymbol{u}$ 和 $\boldsymbol{v}$，验证等式

$$|\boldsymbol{u}+\boldsymbol{v}|^2+|\boldsymbol{u}-\boldsymbol{v}|^2=2|\boldsymbol{u}|^2+2|\boldsymbol{v}|^2$$

并推导出定理：平行四边形对角线的平方和等于边的平方和.

14. 证明：对空间中任意一个三角形 ABC 和任意一点 X，都有

$$\overrightarrow{XA}\cdot\overrightarrow{BC}+\overrightarrow{XB}\cdot\overrightarrow{CA}+\overrightarrow{XC}\cdot\overrightarrow{AB}=0.$$

15. * 对于空间中的任意四点 A,B,C,D，证明：如果直线 AC 和 BD 垂直，那么 $AB^2+CD^2=BC^2+DA^2$，反之亦然.

16. 给定一个对角线互相垂直的四边形，证明任意一个与给定四边形边长相等的四边形的对角线都互相垂直.

17. 在半径为 R 的圆内有一内接正三角形 ABC，证明对该圆的每一点 X，都有

$$XA^2+XB^2+XC^2=6R^2.$$

18. * 设 $2n$ 角形 $A_1B_1A_2B_2\cdots A_nB_n$ 内接在于圆，证明：向量 $\overrightarrow{A_1B_1}+\overrightarrow{A_2B_2}+\cdots+\overrightarrow{A_nB_n}$ 的长度不超过直径.

提示：考虑顶点到任何直线的投影.

19. * 多面体在压力下充满空气. 每个面上的压力是垂直于面的向量，大小与垂面的面积成比例，方向指向多面体的外部. 证明：这些向量之和等于 **0**.

提示：与任意单位向量做点积，并使用 § 65 的推论 2.

第2节 向量在几何中的应用

§126 定理

如果选择三角形(ABC)的外心(O,图4.2.1)作为原点,那么垂心的向径等于顶点的向径之和.

分别用向量$\boldsymbol{a}$,$\boldsymbol{b}$和$\boldsymbol{c}$表示顶点A,B和C的向径.那么$|\boldsymbol{a}|=|\boldsymbol{b}|=|\boldsymbol{c}|$,因为$O$是外圆心.设$H$为三角形平面上的点,使得$\overrightarrow{OH}=\boldsymbol{a}+\boldsymbol{b}+\boldsymbol{c}$,需要证明$H$是垂心.计算点积$\overrightarrow{CH}\cdot\overrightarrow{AB}$,因为$\overrightarrow{CH}=\overrightarrow{OH}-\overrightarrow{OC}=(\boldsymbol{a}+\boldsymbol{b}+\boldsymbol{c})-\boldsymbol{c}=\boldsymbol{a}+\boldsymbol{b}$,$\overrightarrow{AB}=\overrightarrow{OB}-\overrightarrow{OA}=\boldsymbol{b}-\boldsymbol{a}$,我们发现

$$\overrightarrow{CH}\cdot\overrightarrow{AB}=(\boldsymbol{a}+\boldsymbol{b})\cdot(\boldsymbol{b}-\boldsymbol{a})=\boldsymbol{b}\cdot\boldsymbol{b}-\boldsymbol{a}\cdot\boldsymbol{a}=|\boldsymbol{b}|^2-|\boldsymbol{a}|^2=0$$

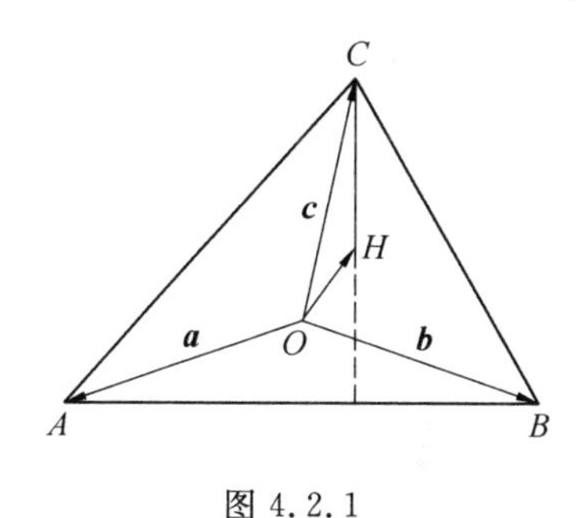

图4.2.1

两个向量的点积为0意味着这两个向量是垂直的(除非其中一个是零向量,在这种情况下,严格来说,这个定义是不明确的).我们得出结论:直线CH垂直于AB(除非点H和点C重合),即(在任何一种情况下)点H位于从顶点C到边AB的高上,或在高的延长线上.由于这同样适用于其他两个高,因此这三个高或其延长线交于点H.

推论 (1)我们得到了一个新的定理证明:三角形的高共点.

(2)在每个三角形中,外圆心O、重心M和垂心H共线.更准确地说,点M按$OM:MH=1:2$的比例将线段OH平分.根据§122,我们有

$$\overrightarrow{OM}=\frac{1}{3}(\boldsymbol{a}+\boldsymbol{b}+\boldsymbol{c})=\frac{1}{3}\overrightarrow{OH}$$

注 (1)包含外心、重心和垂心的线段称为三角形的欧拉线.

(2)在前一个定理中，向量运算允许我们对熟悉的平面几何概念得出新的结果(并重新证明旧的结果). 在下一个例子中，尽管问题的公式根本不涉及任何向量，但能证明向量是有用的. 在这种情况下，为了应用向量代数，我们可以用向径表示感兴趣的点. 如果从上下文中不清楚哪一点应起到原点的作用，那么建议(尽管并非必要)避免做出任何人为选择. 相反，我们可以选择没有提到的任意一点——得到的结论将不依赖于这个选择.

§127　问题

给定一个三角形 ABC(图 4.2.2)，新的三角形 $A'B'C'$ 的绘制方式是：点 A' 与点 A 相对于中心 B 中心对称，点 B' 与点 B 相对于中心 C 中心对称，点 C' 与点 C 相对于中心 A 中心对称，然后三角形 ABC 被擦除. 用直尺和圆规在三角形 $A'B'C'$ 中重新构建三角形 ABC.

任取点 O 作为原点，用 $\boldsymbol{a},\boldsymbol{a}',\boldsymbol{b}$ 等表示点 A,A',B 等的向径. 如果两个点相对于一个中心是中心对称的，那么中心的向径等于这些点的向径的平均值. 因此，从问题的假设来看，我们有

$$\boldsymbol{b}=\frac{1}{2}(\boldsymbol{a}+\boldsymbol{a}'),\boldsymbol{c}=\frac{1}{2}(\boldsymbol{b}+\boldsymbol{b}'),\boldsymbol{a}=\frac{1}{2}(\boldsymbol{c}+\boldsymbol{c}')$$

假设 $\boldsymbol{a}',\boldsymbol{b}',\boldsymbol{c}'$ 是给定的，解关于 $\boldsymbol{a},\boldsymbol{b},\boldsymbol{c}$ 的方程组. 为此，将第二个方程中的 $\boldsymbol{b}$ 替换为第一个方程的表达式，并将结果表达式 $\boldsymbol{c}$ 替换为第三个方程. 我们有

$$\boldsymbol{a}=\frac{1}{2}\left\{\boldsymbol{c}'+\frac{1}{2}\left[\boldsymbol{b}'+\frac{1}{2}(\boldsymbol{a}'+\boldsymbol{a})\right]\right\}=\frac{1}{2}\boldsymbol{c}'+\frac{1}{4}\boldsymbol{b}'+\frac{1}{8}\boldsymbol{a}'+\frac{1}{8}\boldsymbol{a}$$

因此

$$\frac{7}{8}\boldsymbol{a}=\frac{1}{2}\boldsymbol{c}'+\frac{1}{4}\boldsymbol{b}'+\frac{1}{8}\boldsymbol{a}',\text{或者 }\boldsymbol{a}=\frac{1}{7}\boldsymbol{a}'+\frac{2}{7}\boldsymbol{b}'+\frac{4}{7}\boldsymbol{b}'$$

代表最后一个向量表达式的有向线段 $\overrightarrow{OA}$ 不难用直尺和圆规从给定的有向线段 $\boldsymbol{a}'=\overrightarrow{OA'},\boldsymbol{b}'=\overrightarrow{OB'},\boldsymbol{c}'=\overrightarrow{OC'}$ 开始构造. 三角形 ABC 的顶点 B 和 C 可以用表达式

$$\boldsymbol{b}=\frac{1}{7}\boldsymbol{b}'+\frac{2}{7}\boldsymbol{c}'+\frac{4}{7}\boldsymbol{a}',\boldsymbol{c}=\frac{1}{7}\boldsymbol{c}'+\frac{2}{7}\boldsymbol{a}'+\frac{4}{7}\boldsymbol{b}'$$

构造.

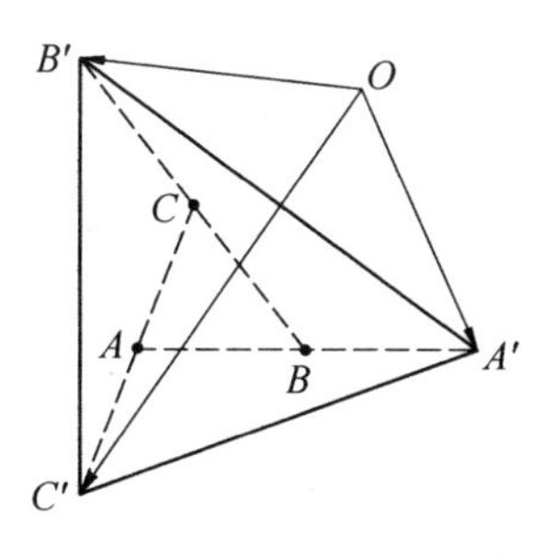

图 4.2.2

§ 128　质心

对于质点，我们指的是空间中有质量的点，质量可以是任何实数，除非有相反的规定，否则我们假设所有质量都是正的. 以下概念借鉴了物理学.

给定一个由质量分别为 $m_1, m_2, \cdots, m_n$ 的 n 个质点 $A_1, A_2, \cdots, A_n$ 组成的系统，它们的质心(或重心)是质量 m 等于系统总质量的质点，即

$$m=m_1+m_2+\cdots+m_n$$

并且质点 A 的位置是由条件

$$m_1\overrightarrow{AA_1}+m_2\overrightarrow{AA_2}+\cdots+m_n\overrightarrow{AA_n}=\mathbf{0}$$

决定的. 换句话说，上述质点的向径相对于作为原点的质心的加权和为零.

关于任意原点 O，质心的向径 $\boldsymbol{a}=\overrightarrow{OA}$ 可以根据向径 $\boldsymbol{a}_1, \boldsymbol{a}_2, \cdots, \boldsymbol{a}_n$ 来计算，我们有

$$\mathbf{0}=m_1(\boldsymbol{a}_1-\boldsymbol{a})+\cdots+m_n(\boldsymbol{a}_n-\boldsymbol{a})=m_1\boldsymbol{a}_1+\cdots+m_n\boldsymbol{a}_n-m\boldsymbol{a}$$

从而

$$\boldsymbol{a}=\frac{1}{m}(m_1\boldsymbol{a}_1+m_2\boldsymbol{a}_2+\cdots+m_n\boldsymbol{a}_n)$$

该公式建立了任何 n 个质点组成的系统的质心的存在性和唯一性(即使是负质量，只要系统的总质量 m 非零).

例子　(1)在两个质点的系统中，有 $m_1\overrightarrow{AA_1}+m_2\overrightarrow{AA_2}=\mathbf{0}$，或等价于$\overrightarrow{AA_1}=-\frac{m_2}{m_1}\overrightarrow{AA_2}$. 因此，质点 A 的中心在线段 A_1A_2 上(图 4.2.3)，联结各点，并将其按 $A_1A : AA_2=m_2 : m_1$ 的比例分成两部分(即质心更接近质量较大的点).

(2)令 $\boldsymbol{a}, \boldsymbol{b}, \boldsymbol{c}$ 为三个给定质量相等的质点的向径，那么$\frac{1}{3}(\boldsymbol{a}+\boldsymbol{b}+\boldsymbol{c})$是质心

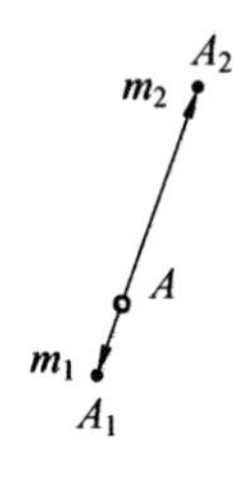

图 4.2.3

的向径. 与 § 122 相比，我们得出结论：质心与三角形的重心重合，三角形的顶点在三个给定的点上.

§ 129 重组

质心在几何中的大多数应用都依赖于它们的结合性或重新组合属性.

定理 如果将质点系统划分为两个(或更多)部分，然后将每个部分用代表其质心的单质点替换，那么由此产生的两个(或更多)质点系统的质心与原始系统的质心重合.

假设 A_1,A_2 和 A_3,A_4,A_5(图 4.2.4)是质量为 $m_1,\cdots,m_5$ 的五个质点组成的系统的两个部分. 我们需要证明,如果 A'和 A''是这些部分的质心的位置,并且 $m'=m_1+m_2$ 和 $m''=m_3+m_4+m_5$ 是它们各自的质量，那么这对质点的质心(作为一个质点，即关于它的质量和位置而言)与五个质点的整个系统的质心重合.

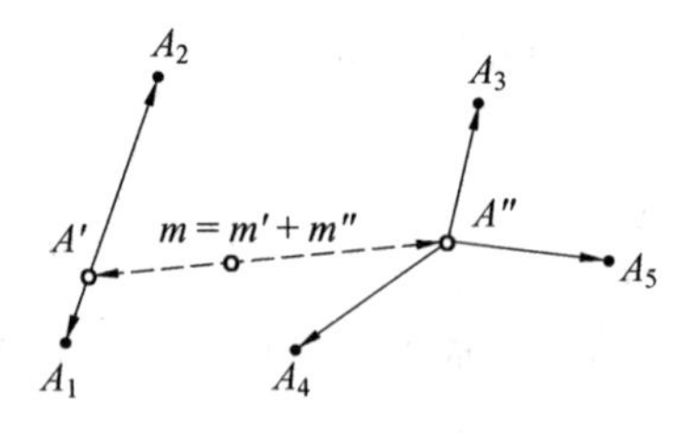

图 4.2.4

首先，我们注意到，总和 $m'+m''$确实与整个系统的总质量

$$m=m_1+m_2+m_3+m_4+m_5$$

相等. 其次，利用点 $A',A'',A_1,\cdots,A_5$ 关于任何原点的向径 $\boldsymbol{a}',\boldsymbol{a}'',\boldsymbol{a}_1,\cdots,\boldsymbol{a}_5$，我们发现

$$\boldsymbol{a}'=\frac{1}{m'}(m_1\boldsymbol{a}_1+m_2\boldsymbol{a}_2),\boldsymbol{a}''=\frac{1}{m''}(m_3\boldsymbol{a}_3+m_4\boldsymbol{a}_4+m_5\boldsymbol{a}_5)$$

这对质点的质心有向径

$$\frac{1}{m'+m''}(m'\boldsymbol{a}'+m''\boldsymbol{a}'')=\frac{1}{m}(m_1\boldsymbol{a}_1+m_2\boldsymbol{a}_2+m_3\boldsymbol{a}_3+m_4\boldsymbol{a}_4+m_5\boldsymbol{a}_5)$$

因此,它与整个系统的质心的向径重合.

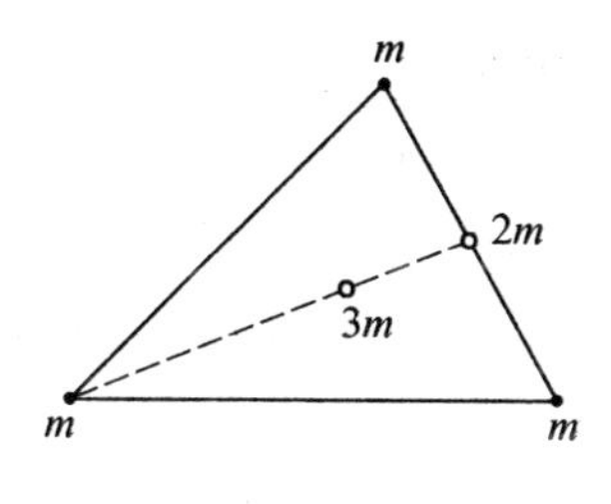

图 4.2.5

例子　给定三角形的每个顶点赋予相同质量 m(图 4.2.5),并首先计算其中一条边的顶点的质心.它位于这条边的中点,质量为 $2m$.根据该定理,整个系统的质心位于联结该中点与相对顶点的中线上,并将其从该点算起按 $2m:m$ 的比例进行分割.由于无论分组顺序如何,质心都是相同的,因此我们再次推导了中位线的共点性.

§130　塞瓦定理

定理　给定一个三角形 ABC(图 4.2.6),点 A,B 和 C 分别在边 BC,CA 和 AB 上,线段 AA',BB' 和 CC' 三线共点充要条件是顶点被赋予质量,使得 A',B',C' 分别成为 B 和 C,C 和 A,A 和 B 的质心.

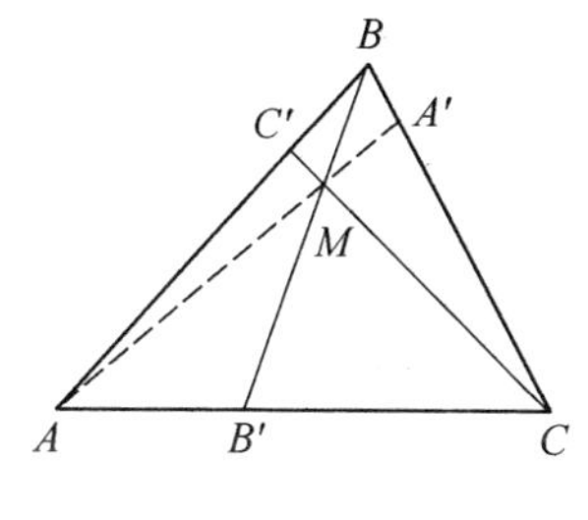

图 4.2.6

假设 A,B 和 C 是质点,A',B',C' 分别是 B 和 C,C 和 A,A 和 B 的质心.那

么,根据重组性质,整个系统的重心落在 AA',BB' 和 CC' 上,因此这些线段是共点的.

反之,假设直线 AA',BB' 和 CC' 共点.将任意质量 $m_A=m$ 赋给顶点 A,将质量赋给顶点 B 和 C,使 C' 和 B 分别成为 A 和 B 以及 A 和 C 的质心,即

$$m_B=\frac{AC'}{C'B}m, m_C=\frac{AB'}{B'C}m$$

那么整个系统的质心将位于 BB' 和 CC' 的交点 M 处.另一方面,通过重新分组,它必须位于顶点 A 与 B 和 C 的质心的连线上.因此这对质心落在直线 AM 与 BC 的交叉点 A' 处.

推论(塞瓦定理) 在三角形 ABC 中,联结顶点与对边上的点的线段 AA',BB' 和 CC' 共点的充要条件为

$$\frac{AC'}{C'B}\cdot\frac{BA'}{A'C}\cdot\frac{CB'}{B'A}=1 \qquad (*)$$

事实上,当这些线共点时,用质量重写,即

$$\frac{m_B}{m_A}\cdot\frac{m_C}{m_B}\cdot\frac{m_A}{m_C}=1$$

等式显然成立.反之,关系式(*)意味着:如果按照定理的证明来分配质量,即使得 $m_B:m_A=AC':C'B$,那么比例 $m_C:m_A=AB':B'C$ 也成立.因此,三个点 C',B',A' 都是相应顶点对的质心.这个定理保证了共点性.

问题 在三角形 ABC(图 4.2.7)中,令 A',B' 和 C' 表示内接圆与边的切点.证明:线 AA',BB' 和 CC' 共点.

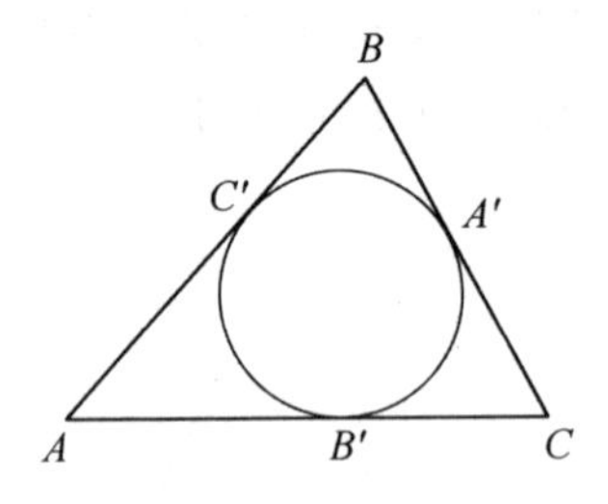

图 4.2.7

解法 1 我们有 $AB'=AC'$,$BC'=BA'$,$CA'=CB'$(作为从顶点到同一个圆的切线段),因此关系式(*)成立,由推论得出共点性.

解法 2　将质量 $m_A=\dfrac{1}{AB'}=\dfrac{1}{AC'}$，$m_B=\dfrac{1}{BC'}=\dfrac{1}{BA'}$，$m_C=\dfrac{1}{CA'}=\dfrac{1}{CB'}$赋予点 A,B,C，得到相应顶点对的质心 A',B',C'，并由此定理得出三线共点.

§131　梅涅劳斯定理

引理　三点 A_1,A_2,A_3 共线(即位于同一条线上)，当且仅当它们可以配备不为零的伪质量 m_1,m_2,m_3(因此它们可以有不同的符号)，使得

$$m_1+m_2+m_3=0,m_1\overrightarrow{OA_1}+m_2\overrightarrow{OA_2}+m_3\overrightarrow{OA_3}=\mathbf{0}$$

如果这些点共线，那么我们可以按 $m_2:m_1=A_1A_3:A_3A_2$ 的比例分配它们的质量，使中间的点(称为 A_3)成为点 A_1 和 A_2 的质量中心，那么对于任何原点 O，我们有：$m_1\overrightarrow{OA_1}+m_2\overrightarrow{OA_2}-(m_1+m_2)\overrightarrow{OA_3}=\mathbf{0}$，也就是说，令 $m_3=-m_1-m_2$ 即可.

相反，如果存在所需的伪质量，我们可以假设(如果有必要，改变所有三个的符号)其中一个(例如 m_3)是负的，另两个是正的. 那么 $m_3=-m_1-m_2$. 关系式 $m_1\overrightarrow{OA_1}+m_2\overrightarrow{OA_2}-(m_1+m_2)\overrightarrow{OA_3}=\mathbf{0}$ 意味着 A_3 是质点 A_1 和 A_2 的质心的位置. 因而 A_3在线段 A_1A_2 上.

推论(梅涅劳斯定理)　分别位于三角形 ABC 三条边 BC，CA 和 AB 上或者延长线上的三点 A',B',C'(图 4.2.8)共线的充要条件是

$$\frac{AC'}{C'B}\cdot\frac{BA'}{A'C}\cdot\frac{CB'}{B'A}=1$$

注　这个关系看起来和式(*)是一样的，令人困惑的是，相同的关系如何能描述三点 A',B',C'满足两个不同的几何条件. 事实上，在梅涅劳斯定理(见图 4.2.8)中，三个点中的任何一个或全部必须位于边的延长线上，使得相同的关系应用于两个相互排斥的几何情况. 此外，让我们通过如图 4.2.8 所示的数轴来识别三角形 ABC 的边，从点 A 到点 B 的边 AB，点 B 到点 C 的边 BC，从点 C 到点 A 的边 CA. 那么在上述关系中的线段 AC,CB,BA 等，可理解为有符号量，即绝对值等于线段长度的实数，符号由在相应的数轴上的向量$\overrightarrow{AC'}$，$\overrightarrow{C'B}$，$\overrightarrow{BA'}$等的方向确定. 根据这个惯例，梅涅劳斯定理中关系的正确形式是

$$\frac{AC'}{C'B}=\frac{BA'}{A'C}=\frac{CB'}{B'A}=-1 \qquad (**)$$

从而区别于塞瓦定理中的符号关系.

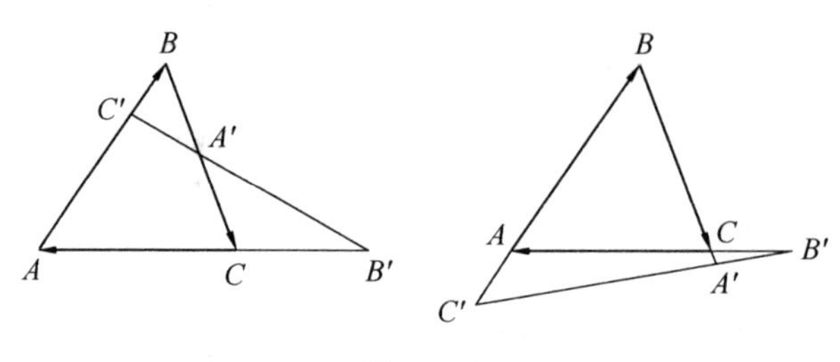

图 4.2.8

为了在这个改进的公式中证明梅涅劳斯定理，注意到我们总是可以给顶点 A,B,C 对应一些实数 a,b,c，使得 C'（依次为 B'）成为点 A 和点 B（依次是 C 和 A）配备有伪质量 a 和 $-b$（依次为 c 和 $-a$）. 也就是说，只需取 $-b:a=AC':C'B$，$-a:c=CB':B'A$ 即可. 那么这个关系式（$**$）意味着 $BA':A'C=-c:b$，即 A' 是分别有伪质量 b 和 $-c$ 的 B 和 C 的质心，因此我们得到：$(a-b)\overrightarrow{OC'}=a\overrightarrow{OA}-b\overrightarrow{OB}$，$(c-a)\overrightarrow{OB'}=c\overrightarrow{OC}-a\overrightarrow{OA}$. 将这些等式相加，将 $m_A=b-c$，$m_B=c-a$，$m_C=a-b$ 代入，我们发现

$$m_A\overrightarrow{OA'}+m_B\overrightarrow{OB'}+m_C\overrightarrow{OC'}=\mathbf{0},m_A+m_B+m_C=0$$

因此，点 A',B',C' 共线.

相反，对于在 AB 和 CA 上或者延长线上的任何点 C' 和点 B'，我们可以在直线 BC 上找到一个点 A'，使得关系式（$**$）成立. 那么，根据前面的论证，点 A',B',C' 共线，即点 A' 必须与直线 $B'C'$ 和直线 BC 的交点重合. 因此，对于三角形边上或其延长线上的任何三个共线点，关系式（$**$）都是正确的.

§132 重心法

该方法在§128－§131 中发展和应用于平面几何量测量中的一些问题，可以用空间几何向量来解释.

在空间中作一个不过原点 O 的平面 P（图 4.2.9），那么，对于平面上的每个点 A，都可以作一条通过原点的直线，即直线 OA. 当该点配备有质量（或伪质量）m 时，我们将该质点与平面上的向量 $\boldsymbol{a}=m\overrightarrow{OA}$ 联系起来. 我们断言：平面上的质点系的质心对应于空间中与质点系相关的向量之和. 事实上，如果质点 A 表示一个由分别在 $m_1,\cdots,m_n$ 的平面上的 n 个质点 $A_1,\cdots,A_n$ 组成的系统的质心，那么总质量等于 $m=m_1+\cdots+m_n$. 相应的向量空间为

$$\boldsymbol{a}=m\overrightarrow{OM}=m_1\overrightarrow{OA_1}+\cdots+m_n\overrightarrow{OA_n}=\boldsymbol{a}_1+\cdots+\boldsymbol{a}_n$$

特别是，质心的重组属性来自于向量加法的结合律.

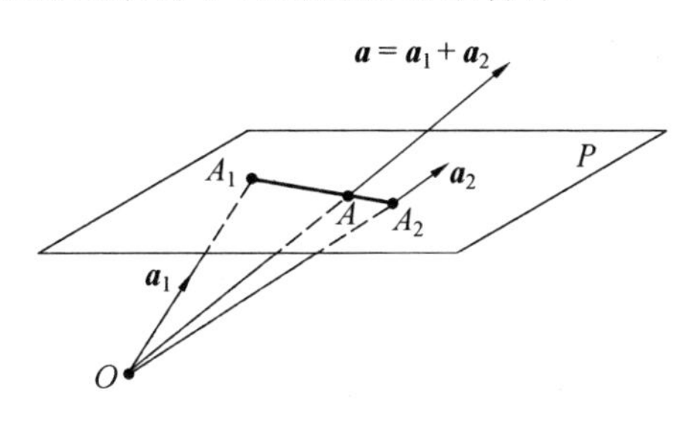

图 4.2.9

注　上述将过原点的直线与平面 P 的点相关联的方法证明是有效的，并导致了所谓的射影几何. 在射影几何中，在平面 P 的普通点之外，存在着"无穷远点". 它们对应于通过原点和与 P 平行的直线(例如图 4.2.10 上的 EF). 此外，平面 P(例如 AB 或 CD)上的直线通过原点对应于平面(Q 或 R). 当 $AB/\!/CD$时，这些直线与平面 P 上不相交，但在射影几何中，它们在"无穷远点"，即在与平面 Q 和 R 相交的线 EF 相对应的"点"处相交. 因此，在射影几何中，铁轨的两条平行轨道在地平线处交汇的视觉错觉成为现实.

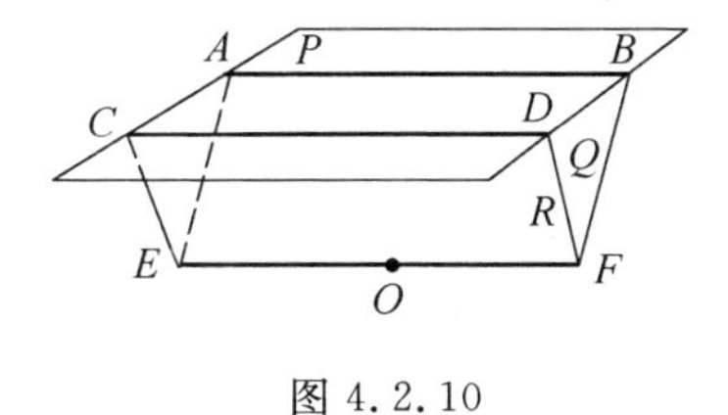

图 4.2.10

练　　习

1. 在平面上有 A,B,C,D,E 任意点. 构造点 O，使$\overrightarrow{OA}+\overrightarrow{OB}+\overrightarrow{OC}=\overrightarrow{OD}+\overrightarrow{OE}$.

2. 在一个圆中，给出三个互不相交的弦 AB,CD 和 EF，每个都与圆的半径相等，并且联结线段 BC,DE 和 FA 的中点. 证明生成的三角形是等边三角形.

3. 证明：如果一个多边形有几个对称轴，那么它们是共点的.

4. 证明:联结四面体对边中点的三条线段互相平分.

5. 证明:三角形外角平分线相交于对边延长线的公共点.

6. 给出并证明前面关于三角形一个外角和两个内角的平分线问题的类似解.

7. 证明:如果三角形的顶点具有与对边成比例的质量,那么质心与中心重合.

8. 证明:在圆的内接三角形顶点处圆的切线与对边的延长线相交.

9. 在平面中,三个不同半径的圆在彼此的外面,并且对于每一对,外部公共切线被绘制到它们的交点.证明三个交点是共线的.

10. 在平面上,给出了互不相交且都在彼此外部的三对圆,并对每对圆构造了内部公共切线的交点.证明联结每个交点和其余圆中心的三条线共点.

11. 证明塞瓦定理的以下重新表述:在三角形 ABC(图 4.2.6)的 BC,CA 和 AB 边上,选择三点 A',B',C'.证明直线 AA',BB',CC'共点的充要条件为

$$\frac{\sin\angle ACC'}{\sin\angle C'CB}\frac{\sin\angle BAA'}{\sin\angle A'AC}\frac{\sin\angle CBB'}{\sin\angle B'BA}=1$$

12. 对梅涅劳斯定理作类似的重新表述.

13. 平面上有两个三角形 ABC 和 $A'B'C'$,通过它们各自的顶点,作出平行于另一个三角形的边的直线.证明:如果其中一组三条直线是共点的,那么另一组三条直线也是共点的.

14. 证明帕普斯定理:如果点 A,B,C 位于一条直线上,A',B',C'位于另一条直线上,那么 AB'和 BA',BC'和 CB',CA'和 AC'的三个交点是共线的.

提示:使用射影几何将问题简化为平行线的情况,即根据空间中相应的直线和平面,重新阐述平面中的点和线的问题.

15. 证明得沙格定理:在平面上,如果两个三角形 ABC 和 $A'B'C'$的顶点联结的线 AA',BB',CC'是共点的,那么每对延伸的各自边的三个交点(即 AB 和 $A'B'$,BC 和 $B'C'$,CA 和 $C'A'$)是共线的,反之亦然.

提示:将图表表示为空间投影.

第3节　几何基础

§133　几何原本

许多几何定理不仅可以通过推理的方式来证明，而且可以通过直接观察来证实.这种直观易懂的几何学性质使人们能够在严格地证明几何事实之前就发现许多几何事实.古埃及人(大约在公元前2000年)使用这种经验主义的方法来建立实际需要的最简单的几何结果.然而，通过观察图得出的自证结论可能具有欺骗性，特别是当图变得复杂时.

古希腊人从埃及人那里继承了数学文化的精华，将他们的观察概括起来，并发展出更可靠的推理形式.现在所有的几何结果都是通过毫无瑕疵的逻辑论证来证实的，这些逻辑论证仅仅依赖于对图的明确假设，从而得出独立于特定图的意外细节的结论.约公元前300年，希腊几何学家欧几里得以《几何原本》为标题，用13本书对他所处时代的基本几何知识作了系统的阐述.这项工作奠定了数学方法的基础，即使按现代科学的标准，它仍然是初等几何的一个相当令人满意的解释.

欧几里得的论述从定义、假设和普通概念(也称公理)开始.以下是23个定义中的前7个.

(1)点是没有任何部分的.

(2)线只有长度而没有宽度.

(3)一线的两端是点.

(4)直线是其上各点均匀分布的线.

(5)面只有长度和宽度.

(6)面的边缘是线.

(7)平面是其上均匀分布着直线的面.

然后是角、圆、多边形、三角形、四边形、平行线和垂直线等的定义.

关于任意量有五个公理：

(1)等于同量的量彼此相等.

(2)等量加等量，其和仍相等.

(3)等量减等量,其差仍相等.

(4)彼此重合的事物彼此相等.

(5)整体大于部分.

公设具有特定的几何内容,假设以下内容:

(1)由任意一点到另外任意一点可以作一条直线.

(2)一条有限直线可以继续延长.

(3)以任意定点为圆心,以任意长为半径,可以画圆.

(4)所有直角都相等.

(5)同平面内一条直线与两条直线相交,如果在同侧的两个内角之和小于两直角,那么这两条直线经过无限延长后在该侧相交.

然后,欧几里得一个接一个地陈述几何命题,并使用定义、假设和以前证明的命题(就像我们在这本书里做的一样)从逻辑上推导它们.

§134 非欧几何

从现代的观点来看,初等几何学的逻辑基础,以我们从欧几里得继承下来的形式,并不是没有缺陷的.

一个是未能明确承认在我们的论点中使用的许多隐含假设.例如,全等图形的定义假定空间中几何图形可以作为固体移动.

另一个是基本定义的模糊性,它并不真正告诉我们点、线和面是什么,只是简单地说明了这些词的日常意义在数学上是如何理想化.

从历史上看,由于19世纪初发现了非欧几里得几何,即欧几里得第五公设不成立的一致的几何理论,对几何更坚实的逻辑基础的需求出现了.正如《基谢廖夫平面几何》[①] §75—§78中所讨论的,第五公设与平行假设是等价的:通过每一个不在给定直线上的点,都可以画出一条与给定直线平行的直线,这样的直线是唯一的.

1820年—1830年,两位几何学家:俄罗斯的尼古拉·洛巴切夫斯基和匈牙利的雅诺斯·鲍耶分别指出,存在着平行公设被否定所取代的几何理论,而且这些理论的内容与经典欧氏几何一样丰富.他们(和他们之前的许多人一样)试

---

① 基谢廖夫.基谢廖夫平面几何[M].陈艳杰,程晓亮,译.哈尔滨:哈尔滨工业大学出版社,2022.

图从剩下的假设中推导出第五公设，但他们是第一个意识到这种推导是不可能的.

§135　希尔伯特公理

1899年，大卫·希尔伯特首次对欧几里得和非欧几里得的初等几何学基础给出了完全严格的描述.

不可避免的是，通过试图用先前定义的概念和那些更早定义的概念准确地定义所有概念，人们迟早会用完那些“先前定义”的概念，最终会得到一组不可确定的概念，这些概念的意义只能凭直觉来表达.

希尔伯特选择点、线和面作为几何的不加定义的概念.此外，他还假定这些几何对象可以（或不可以）彼此处于某种关系中，即一个点可以位于一条线上、一个点可以位于一个平面上、一条线可以位于一个平面上、一个点可以位于一条给定线上的另外两个点之间、（注意，使用这些关系，可以定义线段、角等.）两个给定的线段（或角）可以相等.

我们可以试着用通常直观的方式来解释这些概念和关系，但是希尔伯特公理化方法的要点是，这种解释被认为是不相关的.概念和关系的意义和性质是由一系列公理确定的.进一步，所有的几何命题都是通过逻辑推导从公理中得到的，原则上，这是可以正式完成的，而不是诉诸所涉及的对象的本质.通过希尔伯特本人的表达“在所有的几何语句中，点、线、面必须可以用桌子、椅子、杯子来代替.”为了说明希尔伯特公理的性质，我们列出了三个顺序公理.

（1）如果点A，B，C位于直线上，点B位于点A和点C之间，那么点B位于点C和点A之间.

（2）如果A和C是一条线的两点，那么点A和点C之间至少有一个点B，以及至少一个点D，使得点C位于点A和点D之间.

（3）在一条线上的任意三个点中，总有一个且只有一个位于另两个点之间.

我们不打算在这里介绍希尔伯特的20个公理的整个系统；我们只需提一下，它包括平行假设（或对它的否定）和阿基米德的公理，并且作为列表中的最后一项，完备性公理.

对于一个点、线、面组成的系统，不可能以这样一种方式添加其他元素，从而使系统一般化形成一个遵循所有先前公理的新几何.

§136　集合论方法

希尔伯特的工作奠定了一个新的数学领域:数学逻辑,现代几何方法依赖于一个不同的基础,这在严谨和直觉之间找到了更好的平衡. 1916 年,赫尔曼·韦尔提出基于向量空间的代数概念.

韦尔的方法之所以特别吸引人,是因为它只使用非常普遍的不可解释的概念,比如集合和元素,它们渗透到数学的方方面面,而不仅仅是几何学. 集合论最早出现在 19 世纪末德国数学家康托尔的著作中,作为一种比较各种无限集合的理论,它很快成为现代数学的通用语言.

集合被认为是任何性质的对象的集合. 如果每个对象都指定了一个集合,无论它是否是这个集合的元素,那么这个集合就被认为是给定的,这是最正式的表达方式. 所有进一步的概念都是基于元素和集合之间的这种关系而引入的. 例如,如果第一个集合的每个元素也是第二个集合的元素,那么第一个集合称为另一个集合的子集.

到目前为止,根据欧几里得的方法,我们认为线和面是独立的实体,而不仅仅是在它们上面的点的集合. 集合论与几何方法的一个简化区别是,只有点的集合及其属性需要被假定,而线和面被简单地定义为点集合的某些子集,因此它们的所有性质都成为定理.

韦尔几何方法的另一个组成部分是实数集 $\mathbf{R}$(正数、零和负数),它具有对非零数加、减、乘和除的常用运算. 为了定义实数和算术运算,只需用有符号的十进制数字序列来表示它们即可.

§137　向量空间的公理

通过定义,向量空间是一个集合,它配备了满足某些公理所需的标量的加法和乘法运算. 集合在这里用 V 表示,它的元素被称为向量. 标量构成实数集 R,其中包括数字 0 和 1. 对每一个向量 $\boldsymbol{v}$ 和标量 α(即集合 V 和 R 中的任何元素),乘法运算将与一个新的向量 $\alpha\boldsymbol{v}$ 相关联. 对于每对向量 $\boldsymbol{u}$ 和 $\boldsymbol{v}$,加法运算与一个新向量 $\boldsymbol{u}+\boldsymbol{v}$ 相关联,公理要求对于所有向量 $\boldsymbol{u}$,$\boldsymbol{v}$ 和 $\boldsymbol{w}$ 和所有标量 α,β,下列结论成立

(1) $(\boldsymbol{u}+\boldsymbol{v})+\boldsymbol{w}=\boldsymbol{u}+(\boldsymbol{v}+\boldsymbol{w})$,

(2)$\boldsymbol{u}+\boldsymbol{v}=\boldsymbol{v}+\boldsymbol{u}$,

(3)存在唯一的向量 $\mathbf{0}$,使得对所有意的 $\boldsymbol{u}$,都有 $\boldsymbol{u}+\mathbf{0}=\boldsymbol{u}$,

(4)$\alpha(\beta\boldsymbol{u})=(\alpha\beta)\boldsymbol{u}$,

(5)$\alpha(\boldsymbol{u}+\boldsymbol{v})=\alpha\boldsymbol{u}+\alpha\boldsymbol{v}$,

(6)$(\alpha+\beta)\boldsymbol{u}=\alpha\boldsymbol{u}+\beta\boldsymbol{u}$,

(7)$0\boldsymbol{u}=\mathbf{0}$,

(8)$1\boldsymbol{u}=\boldsymbol{u}$.

也就是说,公理表示:向量加法的结合律和交换律,零向量的存在性和唯一性,由标量乘法结合律,向量乘法的结合律,向量加法的分配律性,以及标量 0 和 1 的多重作用方式.

下面是一个从公理明确推导的例子.

对于每个 $\boldsymbol{u}$,都存在唯一一个反向量 $\boldsymbol{v}$,使得 $\boldsymbol{u}+\boldsymbol{v}=\mathbf{0}$.

实际上,我们有

$$\begin{aligned}\mathbf{0}&=0\boldsymbol{u}=(1+(-1))\boldsymbol{u}\quad((7)\text{和 }0=1+(-1))\\&=1\boldsymbol{u}+(-1)\boldsymbol{u}=\boldsymbol{u}+(-1)\boldsymbol{u}\quad((6)\text{和}(8))\end{aligned}$$

因此$(-1)\boldsymbol{u}$ 与 $\boldsymbol{u}$ 相反.(反向量的定义)

反之,如果 $\mathbf{0}=\boldsymbol{u}+\boldsymbol{v}$,那么(反向量的定义)

$$(-1)\boldsymbol{u}+\mathbf{0}=(-1)\boldsymbol{u}+(\boldsymbol{u}+\boldsymbol{v})\quad(\text{两边都加上}(-1)\boldsymbol{u})$$

$$\begin{aligned}(-1)\boldsymbol{u}&=((-1)\boldsymbol{u}+\boldsymbol{u})+\boldsymbol{v}\quad((3)\text{和}(1))\\&=(-1+1)\boldsymbol{u}+\boldsymbol{v}=0\boldsymbol{u}+\boldsymbol{v}=\mathbf{0}+\boldsymbol{v}\quad((6),-1+1=0\text{ 和}(7))\\&=\boldsymbol{v}\end{aligned}$$

即 $\boldsymbol{v}=(-1)\boldsymbol{u}$.((2)和(3))

我们将简单地用 $\boldsymbol{u}$,$-\boldsymbol{u}$ 来表示与向量相反的向量,记为 $\boldsymbol{w}-\boldsymbol{u}$ 而不是 $\boldsymbol{w}+(-\boldsymbol{u})$. 根据公理(1),我们也可以不加括号地写出几个向量的和,例如 $\boldsymbol{u}+\boldsymbol{v}+\boldsymbol{w}$.

§138 子空间和维度

对向量 $\boldsymbol{u},\boldsymbol{v},\cdots,\boldsymbol{w}$,如果存在不全等于 0 的标量 $\alpha,\beta,\cdots,\gamma$,使得

$$\alpha\boldsymbol{u}+\beta\boldsymbol{v}+\cdots+\gamma\boldsymbol{w}=\mathbf{0}$$

那么称 $\boldsymbol{u},\boldsymbol{v},\cdots,\boldsymbol{w}$ 线性相关,如果 $\alpha=0,\beta=0,\cdots,\gamma=0$,那么称向量 $\boldsymbol{u},\boldsymbol{v},\cdots,\boldsymbol{w}$ 线性无关,即只有 $\alpha=0,\beta=0,\cdots,\gamma=0$ 时,上述等式才成立. 显然,在一个线性

无关的向量集合中包含新元素会使它线性相关.如果一个向量空间包含一组 k 个线性无关的向量,那么它的维数为 k,但每个 $k+1$ 向量都是线性相关的.

表达式 $\alpha\boldsymbol{u}+\beta\boldsymbol{v}+\cdots+\gamma\boldsymbol{w}$ 称为向量 $\boldsymbol{u},\boldsymbol{v},\cdots,\boldsymbol{w}$ 的线性组合,系数为 $\alpha,\beta,\cdots,\gamma$.(给定向量空间 V 中的一组向量)这些向量的所有线性组合形成一个子空间 W,也就是说,对于相同的运算,子空间集本身就是一个向量空间 W.实际上,给定向量的线性组合的和与标量倍数本身就是同一向量的线性组合.这同样适用于这种线性组合的对立面和 W 中的 $\mathbf{0}=0\boldsymbol{u}+0\boldsymbol{v}+\cdots+0\boldsymbol{w}$.此向量运算在 W 中定义,并且满足公理(1)—(8),因为公理在向量空间 V 中成立.

定理 (1)单个非零向量的所有标量倍数构成一维空间.

(2)两个线性无关向量的所有线性组合构成二维子空间.

(1)实际上,一个非零向量 $\boldsymbol{u}$ 构成一个由一个元素组成的线性无关集合,而任何两个标量倍数 $a=\alpha\boldsymbol{u}$ 和 $b=\beta\boldsymbol{u}$ 都是线性相关的.实际上,如果 $\beta=0$,那么 $0\boldsymbol{a}+1\boldsymbol{b}=\mathbf{0}$,如果 $\beta\neq0$,那么 $1\boldsymbol{a}-\frac{\alpha}{\beta}\boldsymbol{b}=\mathbf{0}$.

(2)为了证明两个线性无关向量 $\boldsymbol{u}$ 和 $\boldsymbol{v}$ 的所有线性组合构成二维子空间,只需证明这三个线性组合 $\boldsymbol{a}=\alpha_1\boldsymbol{u}+\alpha_2\boldsymbol{v},\boldsymbol{b}=\beta_1\boldsymbol{u}+\beta_2\boldsymbol{v},\boldsymbol{c}=\gamma_1\boldsymbol{u}+\gamma_2\boldsymbol{v}$ 是线性相关的.实际上,如果 $\boldsymbol{c}=\mathbf{0}$,那么 $0\boldsymbol{a}+0\boldsymbol{b}+1\boldsymbol{c}=\mathbf{0}$,因此向量是线性相关的.假设 $\boldsymbol{c}\neq\mathbf{0}$.那么至少有一个系数 γ_1,γ_2 是非零的.为了确定,令 $\gamma_2\neq0$.那么向量 $\boldsymbol{a}'=\boldsymbol{a}-\frac{\alpha_2}{\gamma_2}\boldsymbol{c}$ 和 $\boldsymbol{b}'=\boldsymbol{b}-\frac{\beta_2}{\gamma_2}\boldsymbol{c}$ 是单个向量 $\boldsymbol{u}$ 的标量倍数.因此,向量 $\boldsymbol{a}$ 和 $\boldsymbol{b}$ 是线性相关的.我们可以找到一些不全为 0 的标量 α 和 β,使得 $\alpha\boldsymbol{a}'+\beta\boldsymbol{b}'=\mathbf{0}$.因此

$$\alpha\boldsymbol{a}+\beta\boldsymbol{b}-\left(\alpha\frac{\alpha_2}{\gamma_2}+\beta\frac{\beta_2}{\gamma_2}\right)\boldsymbol{c}=\mathbf{0}$$

因此向量 $\boldsymbol{a},\boldsymbol{b}$ 和 $\boldsymbol{c}$ 是线性相关的.

注 我们可以证明,三个线性无关向量的所有线性组合形成了三维子空间等.

§139 点、线和平面

立体欧几里得几何的点集定义为三维的向量空间 V,后一个条件可以看作是一个额外的公理,即维数公理:存在三个与线性无关的向量,但任意四个向量都是线性相关的.

因此,这组点中有一个特殊的点:原点 O,对应于向量 $\mathbf{0}$.对于任意点 U,有

一个向量 $\boldsymbol{u}$,称为向径.我们将继续使用记号$\overrightarrow{UV}$表示向量 $\boldsymbol{v}-\boldsymbol{u}$.

一维和二维子空间是立体几何中的线和面的例子,也就是那些经过原点 O 的线和平面.根据定义,一条不需要穿过原点的任意直线(或平面)可以通过平移从一维(或二维)子空间获得的,即向该子空间的所有矢量添加固定矢量($\overrightarrow{OU}$,图 4.3.1 和 4.3.2).换句话说,如果 V 的子空间的点的向径的差($\overrightarrow{OV}-\overrightarrow{OU}=\overrightarrow{UV}$,图 4.3.1 和 4.3.2)形成了一维(或二维)的子空间,那么称这个子集为直线(二维为平面).

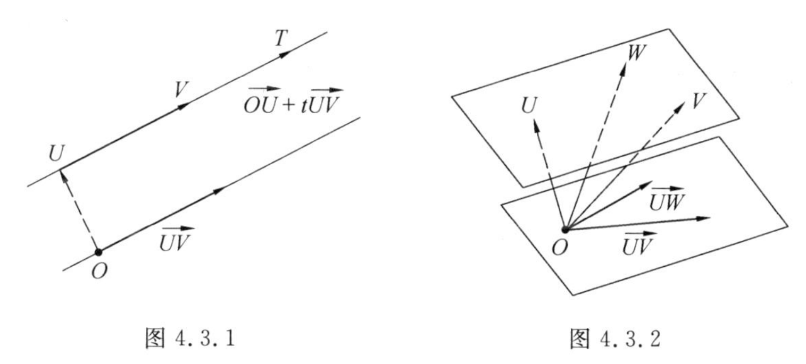

图 4.3.1　　　　图 4.3.2

下面的结果显示了欧几里得关于直线和平面的假设是如何在向量方法下成为立体几何的定理的.

定理　(1)对于每两个不同的点,都有唯一一条经过它们的直线.

(2)对于不在同一直线上的每三个点,都有唯一一个通过它们的平面.

(3)如果给定直线的两点都位于给定平面内,那么该直线的每一点都位于该平面内.

(4)如果两个不同的平面有一个公共点,那么它们相交于一条过该点的直线.

(5)给定一条直线和不在该直线上一点,存在唯一一条过该点并与已知直线平行的直线.

(1)给定两个不同的点 U 和 V(图 4.3.1),具有向径$\overrightarrow{OU}+t\,\overrightarrow{UV}$的点集,其中 t 是一个任意实数,包含 U(对于 $t=0$),V(对于 $t=1$),并形成一条直线,因为这些向量的所有差都是向量的数量积$\overrightarrow{UV}$.相反,如果点 T 位于通过点 U 和点 V 的任何直线上.那么向量$\overrightarrow{UT}$一定与$\overrightarrow{UV}$成比例,即对某个实数 t,$\overrightarrow{UT}=t\,\overrightarrow{UV}$.因此,$\overrightarrow{OT}=\overrightarrow{OU}+t\,\overrightarrow{UV}$,即点 T 位于前面描述的直线上.

(2)如果三个给定的点 U,V 和 W(图 4.3.2)不共线,那么向量$\overrightarrow{UV}$和$\overrightarrow{UW}$线

性无关,具有向径$\overrightarrow{OU}+x\overrightarrow{UV}+y\overrightarrow{UW}$的点集,其中 x 和 y 是任意实数,包含三个给定点(取(x,y)为$(0,0)$,$(1,0)$和$(0,1)$),形成一个平面.实际上,这些向径的差的形式是$\alpha\overrightarrow{UV}+\beta\overrightarrow{UW}$,因此形成了一个二维子空间.相反,如果平面上的任何点 T 通过点 U,V 和 W,那么这三个向量$\overrightarrow{UT}$,$\overrightarrow{UV}$和$\overrightarrow{UW}$一定位于相同的二维子空间中,因此它们是线性相关的,从而对一些实数 x 和 y,$\overrightarrow{UT}=x\overrightarrow{UV}+y\overrightarrow{UW}$.因此,$\overrightarrow{OT}=\overrightarrow{OU}+x\overrightarrow{UV}+y\overrightarrow{UW}$,即,点 T 位于前面描述的平面上.

(3)令 P(图 4.3.3)是一个二维子空间,令 U 和 V 是平面 P 上通过平移得到的不同点,那么向量$\overrightarrow{UV}=\overrightarrow{OV}-\overrightarrow{OU}$在平面 P 上,对任何实数 t,$t\overrightarrow{UV}$也在平面 P 上.因此,向径量$\overrightarrow{OU}+t\overrightarrow{UV}$对应的所有点都在平面 P 上.

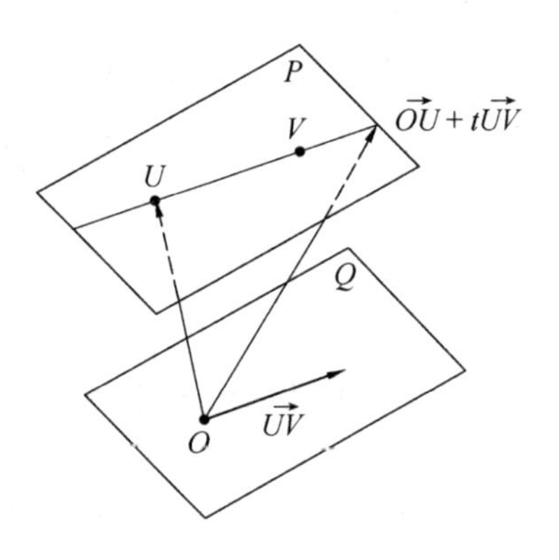

图 4.3.3

(4)假设两个平面 P 和 P'(图 4.3.4)相交于点 U.在平面 P(依次为 P')中,选取不与 UA 共线的两点 V 和 W(依次为 V'和 W').那么向量$\overrightarrow{UV}$和$\overrightarrow{UW}$(分别为$\overrightarrow{UV'}$和$\overrightarrow{UW'}$)是线性无关的.因为空间 V 的维数为三,所以这四个向量是线性相关的.因此,存在不全为 0 的实数 $\alpha,\beta,\alpha',\beta'$,使得$\alpha\overrightarrow{UV}+\beta\overrightarrow{UW}=\alpha'\overrightarrow{UV'}+\beta'\overrightarrow{UW'}$.用向量 $\boldsymbol{a}$ 来表示等式中的任意一个向量.向径为$\overrightarrow{OA}=\overrightarrow{OU}+\boldsymbol{a}$ 的点 A 位于两个平面上,它不同于点 U,因为否则我们将得到 $\boldsymbol{a}=\boldsymbol{0}$,这与每对向量的线性无关性相矛盾.由(3)知,平面沿整条线 UA 相交.平面 P,P'的任何公共点 B 都必须位于这条线上.否则我们会有三个非共线点 U,A,B 位于两个不同的平面上,这与(2)相矛盾.

(5)令 UV(图 4.3.5)是一条给定的直线,W 是一个不在其上的点.通过点 U,V,W 的平面由向径量为$\overrightarrow{OU}+x\overrightarrow{UV}+y\overrightarrow{UW}$的各点组成.取 $y=1$,我们看到平面包含向径为$\overrightarrow{OW}+x\overrightarrow{UV}$的点形成的线.它通过点 W(当 $x=0$ 时),并且不

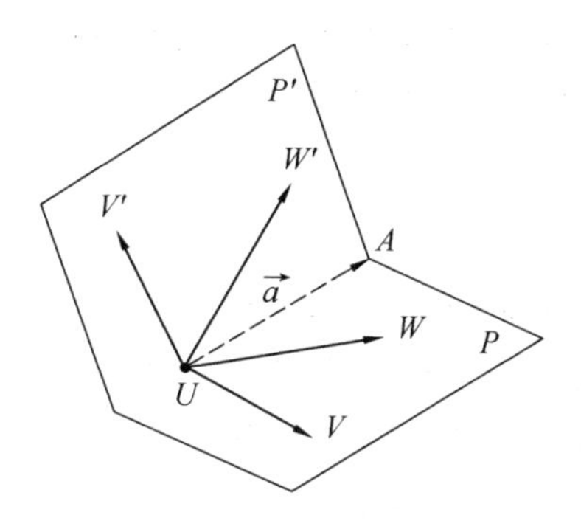

图 4.3.4

与直线 UV 相交. 因为如果相交，交点的向径为$\overrightarrow{OW}+x\,\overrightarrow{UV}+t\,\overrightarrow{UV}$. 这意味着$\overrightarrow{UW}=(t-x)\overrightarrow{UV}$，即点 W 位于线 UV 上，这是不可能的. 因此，我们发现有一条经过点 W 并与 UV 平行的线.

要证明唯一性，考虑任何与 UV 平行的直线 WZ. 由于点 U,V,Z 和 W 在同一平面上，所以对于某些不全为 0 的标量 α,β,γ，这三个向量$\overrightarrow{UV}$，$\overrightarrow{UW}$和$\overrightarrow{WZ}$一定是线性相关的，即 $\alpha\,\overrightarrow{UV}+\beta\overrightarrow{UW}+\gamma\,\overrightarrow{WZ}=\mathbf{0}$. 如果 $\beta\neq 0$，那么$\overrightarrow{UW}+\frac{\gamma}{\beta}\overrightarrow{WZ}=-\frac{\alpha}{\beta}\overrightarrow{UV}$. 两端同时加上$\overrightarrow{OU}$，我们找到一个向径为$\overrightarrow{OW}+\frac{\gamma}{\beta}\overrightarrow{WZ}=\overrightarrow{OU}-\frac{\alpha}{\beta}\overrightarrow{UV}$的点，因此它位于平行于 WZ 与 UV 的直线上. 由于这是不可能的，我们得出的结论是 $\beta=0$. 这意味着向量$\overrightarrow{UV}$和$\overrightarrow{WZ}$是彼此的标量倍数：$\overrightarrow{WZ}=x\,\overrightarrow{UV}$. 因此$\overrightarrow{OZ}=\overrightarrow{OW}+x\,\overrightarrow{UV}$，即与直线 UV 平行的直线 WZ 与先前构造的直线重合.

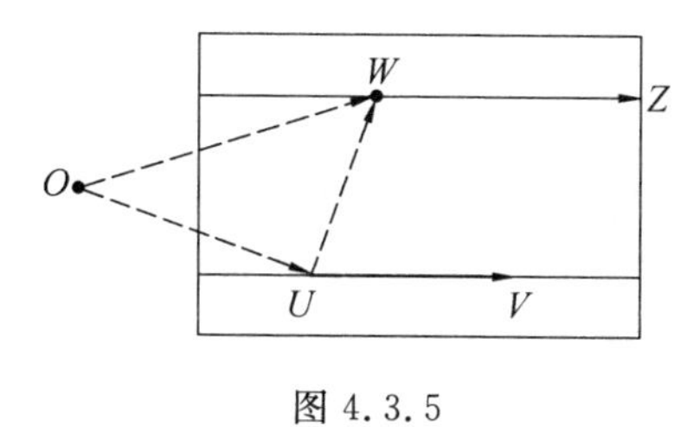

图 4.3.5

§ 140　内积

向量空间（满足维数公理）的概念足以描述欧氏几何的点集、线和平面. 为了引入长度和角度的测度，需要一个额外的假定.

向量空间 V 上的内积是一种运算，它对每一对向量 $\boldsymbol{u}$ 和 $\boldsymbol{v}$ 指定一个实数，记为 $\boldsymbol{u}\cdot\boldsymbol{v}$，使得对称性和双线性的性质满足：对于所有向量 $\boldsymbol{u},\boldsymbol{v},\boldsymbol{w}$ 和标量 α,β，有

$$\boldsymbol{u}\cdot\boldsymbol{v}=\boldsymbol{v}\cdot\boldsymbol{u}$$

$$(\alpha\boldsymbol{u}+\beta\boldsymbol{v})\cdot\boldsymbol{w}=\alpha(\boldsymbol{u}\cdot\boldsymbol{w})+\beta(\boldsymbol{v}\cdot\boldsymbol{w})$$

对于每一个非零向量 $\boldsymbol{u}$，如果 $\boldsymbol{u}\cdot\boldsymbol{u}>0$，那么称内积为欧氏积. 具有欧几里得内积的向量空间称为欧几里得向量空间，又叫作欧氏向量空间.

在欧氏向量空间中，向量的长度定义为

$$|\boldsymbol{u}|=\sqrt{\boldsymbol{u}\cdot\boldsymbol{u}}$$

这个表达式是有意义的，因为在符号下的数字是非负的. 那么，将两点 U 和 V 的向径的差 $\overrightarrow{UV}=\overrightarrow{OV}-\overrightarrow{OU}$ 的长度 $|\overrightarrow{UV}|$ 定义为它们之间的距离.

对于 $0°-180°$ 的角度测量，可以取角度测度的余弦值. 两个非零矢量 $\boldsymbol{u}$ 和 $\boldsymbol{v}$ 之间夹角的余弦公式为

$$\cos\theta(\boldsymbol{u},\boldsymbol{v})=\frac{\boldsymbol{u}\cdot\boldsymbol{v}}{|\boldsymbol{u}|\,|\boldsymbol{v}|}$$

为了表示余弦的合理值，R. H. S. 上的表达式需要介于 -1 和 1 之间. 该性质由如下的柯西一施瓦茨不等式保证.

引理 对于欧氏向量空间的所有向量 $\boldsymbol{u}$ 和 $\boldsymbol{v}$，我们有

$$(\boldsymbol{u}\cdot\boldsymbol{v})^2\leqslant|\boldsymbol{u}|^2\ |\boldsymbol{v}|^2$$

当向量是彼此的标量倍数时，等式才成立.

令 $A=\boldsymbol{u}\cdot\boldsymbol{u}=|\boldsymbol{u}|^2$，$B=\boldsymbol{u}\cdot\boldsymbol{v}$，$C=\boldsymbol{v}\cdot\boldsymbol{v}=|\boldsymbol{v}|^2$，并检验以下关于实数 t 的小于或等于 2 次的表达式

$$(t\boldsymbol{u}+\boldsymbol{v})\cdot(t\boldsymbol{u}+\boldsymbol{v})=At^2+2Bt+C$$

如果 t 是方程 $At^2+2Bt+C=0$ 的一个解，那么 $t\boldsymbol{u}+\boldsymbol{v}=\boldsymbol{0}$（因为非零向量有正的内平方），因此其中一个向量是另一个向量的倍数. 或者，如果二次方程无解，那么（由代数学可知）判别式 $4B^2-4AC$ 为负值，即 $B^2<AC$.

§141 全等

如果（平面的）几何变换保持点之间成对的距离，则称为等距变换.

我们可以证明（见最后一节）欧几里得平面弧的等距：平移（任意向量）、旋

转(任意角度,任意中心)、反射(关于任意直线),或这些变换的组合.即通过它们的连续应用而得到的几何变换.

如果两个平面几何图形中的一个可以通过平面的等距从另一个平面上得到,那么可以分别称这两个平面几何图形全等.这一定义为建立在令人满意的基础之上的.也就是说,它精确地定义了“在空间中移动而不改变”的直观概念.

如果将这一定义应用于空间图形,将产生一个与本书所用概念略有不同的全等的概念.

实际上,三维欧几里得空间的等距不仅包括围绕任何轴和平移的旋转,而且还包括对任何中心或任何平面的反射.因此,对称的几何图形(但不一定是全等的,例如§49)可以通过等距法相互获得.

练　习

1.从第五公设出发,推导出如果一条直线落在两条直线上,使同侧的内角大于两个直角,那么这两条直线如果无限延长,就会在另一条边相交,而这条边的内角大于两个直角.推导平行公设的唯一性.

2.证明在数列上,有理数构成了满足希尔伯特公理的一组点.此集合是否满足完备性公理?

3.证明向量空间公理(3)中关于元素 $\mathbf{0}$ 是唯一的要求是多余的,即它是从这个公理的存在性语句和公理(2)中得到的.

4.证明:对于向量空间中的每一个向量 $\boldsymbol{u}$,有 $\boldsymbol{u}+\boldsymbol{u}+\boldsymbol{u}+\boldsymbol{u}=4\boldsymbol{u}$.

5.证明:所有有序 k 元实数组$(x_1,\cdots,x_k)$的集合 R^k 关于下列标量乘法和加法的分量运算

$$\alpha(x_1,\cdots,x_k)=(\alpha x_1,\cdots,\alpha x_k)$$

$$(x_1,\cdots,x_k)+(y_1,\cdots,y_k)=(x_1+y_1,\cdots,x_k+y_k)$$

满足向量空间的(1)-(8)公理.

6.如果一组向量只包含一个元素,它是否是线性相关?

7.证明:线性无关向量集的每个子集都是线性无关的.

8.证明:在 R^2 中,k 个元素$(1,0,\cdots,0),\cdots,(0,0,\cdots,1)$是线性无关的.

9.证明:R^1 和 R^2 分别是一维和二维的向量空间.

10. * 给出一个无限维向量空间的例子,即包含 k 个线性无关向量集,且 k 可以任意大.

11. * §139 中定理的五个部分在维数大于三的向量空间中仍为真?

12. 证明:空间中通过平移得到的平面要么重合,要么不相交(即平行的),反之,平行线是通过平移彼此得到的.

13. 证明:空间中通过平移得到的两条直线要么是重合的,要么是平行的(即不相交且位于一个平面内),反之,通过平移得到的平行线也是平行的.

14. 检验有内积($(x_1,\cdots,x_k)\cdot(y_1,\cdots,y_k)=x_1y_1+\cdots+x_ky_k$ 运算的向量空间 R^k 是欧氏的,计算 k 个向量$(1,0,\cdots,0),\cdots,(0,0,\cdots,1)$的长度和成对角.

15. 证明:在欧氏向量空间中,两个非零向量是垂直的当且仅当它们的内积等于零.

16. * 证明:每个欧氏平面(即维数为二的欧氏向量空间)包含两个单位长度的垂直向量.

17. 证明:在欧氏向量空间中,非零成对垂直向量的每一个集合 $\boldsymbol{e}_1,\cdots,\boldsymbol{e}_k$ 都是线性无关的.

提示:计算它们的线性组合与每个向量的内积.

18. * 证明三角形不等式:对于欧氏向量空间任意向径 $\boldsymbol{u},\boldsymbol{v},\boldsymbol{w}$,有

$$|\boldsymbol{u}-\boldsymbol{v}|+|\boldsymbol{v}-\boldsymbol{w}|\geqslant|\boldsymbol{u}-\boldsymbol{w}|$$

提示:使用柯西一施瓦兹不等式.

19. 证明:欧氏向量空间中三角形 ABC 的余弦定理

$$|\overrightarrow{AB}|^2+|\overrightarrow{BC}|^2-2|\overrightarrow{AB}||\overrightarrow{BC}|\cos\angle ABC=|\overrightarrow{AC}|^2$$

20. 证明:欧氏向量空间的等距保持任何线段之间的角度,即,如果它将三角形 ABC 转换为三角形 $A'B'C'$,那么$\angle ABC=\angle A'B'C'$.

21. 证明:一个欧氏向量空间被一个固定向量 $\boldsymbol{v}$(即把一个点 $\boldsymbol{x}$,赋值为点 $\boldsymbol{x}+\boldsymbol{v}$)赋值的变换是等距的.

22. 证明:通过组合平移、旋转或反射可以得到平面的每一个几何变换,也可以描述为围绕原点或折射的旋转.关于经过原点的一条线,可能后面跟着一个平移.

第 4 节　非欧几何简介

§ 142　空间坐标

设 V 为三维欧氏向量空间. 设 $\boldsymbol{e}_1$ 为单位向量，即单位长度的任意向量(可通过选择任意非零向量并除以它的长度得到). 取任意与 $\boldsymbol{e}_1$ 线性无关的向量 $\boldsymbol{u}$，从它减去 $\boldsymbol{e}_1$ 的数乘，使得向量 $\boldsymbol{u}-\alpha\boldsymbol{e}_1$ 与 $\boldsymbol{e}_1$ 垂直. 为此，令 $\alpha=\boldsymbol{u}\cdot\boldsymbol{e}_1$，使得

$$(\boldsymbol{u}-\alpha\boldsymbol{e}_1)\cdot\boldsymbol{e}_1=\boldsymbol{u}\cdot\boldsymbol{e}_1-\alpha\boldsymbol{e}_1\cdot\boldsymbol{e}_1=\alpha-\alpha=0$$

将得到的向量除以其长度，得到与 $\boldsymbol{e}_1$ 垂直的单位向量 $\boldsymbol{e}_2$.

接下来，取任意与 $\boldsymbol{e}_1$ 和 $\boldsymbol{e}_2$ 线性无关的向量 $\boldsymbol{v}$.(这类向量的存在是因为向量空间 V 的维数大于二.)从 $\boldsymbol{v}$ 中减去矢量 $\boldsymbol{e}_1$ 和 $\boldsymbol{e}_2$ 的线性组合，使得向量 $\boldsymbol{v}-\alpha_1\boldsymbol{e}-\alpha_2\boldsymbol{e}_2$ 与它们垂直. 为此，设 $\alpha_1=\boldsymbol{v}\cdot\boldsymbol{e}_1$，$\alpha_2=\boldsymbol{v}\cdot\boldsymbol{e}_2$. 由于 $\boldsymbol{e}_1\cdot\boldsymbol{e}_1=\boldsymbol{e}_2\cdot\boldsymbol{e}_2=1$ 以及 $\boldsymbol{e}_1\cdot\boldsymbol{e}_2=0$，我们有

$$(\boldsymbol{v}-\alpha_1\boldsymbol{e}_1-\alpha_2\boldsymbol{e}_2)\cdot\boldsymbol{e}_1=\boldsymbol{v}\cdot\boldsymbol{e}_1-\alpha_1\boldsymbol{e}_1\cdot\boldsymbol{e}_1-\alpha_2\boldsymbol{e}_2\cdot\boldsymbol{e}_1=0$$

$$(\boldsymbol{v}-\alpha_1\boldsymbol{e}_1-\alpha_2\boldsymbol{e}_2)\cdot\boldsymbol{e}_2=\boldsymbol{v}\cdot\boldsymbol{e}_2-\alpha_1\boldsymbol{e}_1\cdot\boldsymbol{e}_2-\alpha_2\boldsymbol{e}_2\cdot\boldsymbol{e}_2=0$$

将得到的向量除以其长度，得到一个垂直于 $\boldsymbol{e}_1$ 和 $\boldsymbol{e}_2$ 的单位向量 $\boldsymbol{e}_3$. 实际上，我们已经在空间上建立了一个笛卡儿坐标系.

设 $\boldsymbol{x}$ 是任意第 4 个向量. 由于三维的向量空间中的任意 4 个向量都是线性相关的，因此存在不全为 0 的标量 α_0，α_1，α_2，α_3，使得

$$\alpha_0\boldsymbol{x}=\alpha_1\boldsymbol{e}_1+\alpha_2\boldsymbol{e}_2+\alpha_3\boldsymbol{e}_3$$

此外，$\alpha_0\neq0$，因为向量 $\boldsymbol{e}_1$，$\boldsymbol{e}_2$，$\boldsymbol{e}_3$ 是线性无关的，我们发现：

$$\boldsymbol{x}=x_1\boldsymbol{e}_1+x_2\boldsymbol{e}_2+x_3\boldsymbol{e}_3$$

其中 x_1，x_2，x_3 是一些实数. 它们称为向量 $\boldsymbol{x}$ 在这个坐标系下的坐标.

坐标由向量唯一确定. 实际上，如果 $\boldsymbol{x}=x'_1\boldsymbol{e}_1+x'_2\boldsymbol{e}_2+x'_3\boldsymbol{e}_3$，那么

$$\boldsymbol{0}=\boldsymbol{x}-\boldsymbol{x}=(x_1-x'_1)\boldsymbol{e}_1+(x_2-x'_2)\boldsymbol{e}_2+(x_3-x'_3)\boldsymbol{e}_3$$

因此，由于向量 $\boldsymbol{e}_1$，$\boldsymbol{e}_2$，$\boldsymbol{e}_3$ 的线性无关，从而 $x_1=x'_1$，$x_2=x'_2$，$x_3=x'_3$.

此外，对于每一个标量 α，我们有

$$\alpha\boldsymbol{x}=(\alpha x_1)\boldsymbol{e}_1+(\alpha x_2)\boldsymbol{e}_2+(\alpha x_3)\boldsymbol{e}_3$$

即，一个标量乘以一个向量的坐标，是由向量的坐标乘以这个标量得到的.

如果 $\boldsymbol{y}=y_1\boldsymbol{e}_1+y_2\boldsymbol{e}_2+y_3\boldsymbol{e}_3$ 是另一个向量，那么

$$\boldsymbol{x}+\boldsymbol{y}=(x_1+y_1)\boldsymbol{e}_1+(x_2+y_2)\boldsymbol{e}_2+(x_3+y_3)\boldsymbol{e}_3$$

即两个向量的和的坐标是由两个向量对应的坐标相加得到的. 由于向量的成对内积等于 0，且它们的内平方等于 1，我们发现

$$\boldsymbol{x}\cdot\boldsymbol{y}=x_1y_1+x_2y_2+x_3y_3$$

这些公式可以推广. 以 R^k 表示所有有序 k 元实数组 $x_1,x_2,\cdots,x_k$ 的集合. 在 R^k 中引入了标量乘法、加法运算和内积运算的计算个数为

$$\alpha(x_1,\cdots,x_k)=(\alpha x_1,\cdots,\alpha x_k)$$

$$(x_1,\cdots,x_k)+(y_1,\cdots,y_k)=(x_1+y_1,\cdots,x_k+y_k)$$

$$(x_1,\cdots,x_k)\cdot(y_1,\cdots,y_k)=x_1y_1+\cdots+x_ky_k$$

在 R^k 中，不难证明向量空间的公理(1)－(8)以及内积的对称性和双线性性质是满足的.

特别是 k 元组(0，…，0)起着向量 $\mathbf{0}$ 的作用，所有其他 k 元组都有正的内平方

$$x_1^2+\cdots+x_2^2>0$$

因此具有这些运算的 R^3 是一个欧氏向量空间(维数 k). 它被称为坐标欧几里得空间. 因此，我们以前在 V 中构造的笛卡儿坐标系建立了以下定理.

定理 任何三维欧氏向量空间都可以与坐标欧几里得空间 R^3 相对应，通过与每个半径向量对应笛卡儿坐标系的有序三重坐标来识别.

注 (1)对于任意有限 k 维欧氏空间，特别是 $k=2$ 的平面，结论也成立.

(2)V 与欧氏坐标空间的识别不是唯一的，而是依赖于笛卡儿坐标系的选择. 换句话说，如果选择不同的三元 $\boldsymbol{e}_1,\boldsymbol{e}_2,\boldsymbol{e}_3$ 中两个成对垂直的单位向量，同样的向量 $\boldsymbol{x}$ 会有不同的三个坐标，因此被分配给 R^3 的一个不同的元素.

(3)我们看到，在几何学的向量方法中，不仅基础可以用一组简洁而明确的公理来描述，而且满足所有公理的模型也可以显式地构造. 唯一需要的数据是一个实数集 $\mathbf{R}$，它带有普通的算术运算. 此外，根据这个定理，任何这样的模型都可以用坐标 R^3 来识别. 在这个意义上，我们可以说，符合所需公理的实心欧几里得几何是存在的，并且是唯一的.

§143 克莱因模型

满足大多数欧几里得公理(或希尔伯特公理)，但不服从平行公设的一个简

单的平面几何变体由意大利数学家尤格在1868年提出.后来由英国人阿瑟·凯莱和德国人费利克斯·克莱因改进.

在欧几里得平面上,任取一个圆盘,并声明这个圆盘的内部点集为克莱因模型所有点的集合,而圆的弦为克莱因模型的线.那么,给定一条直线AB(图4.4.1)以及该直线外一点C,人们可以通过C绘制出与克莱因模型中AB平行的任意多条线(即不在圆盘内与AB相交).

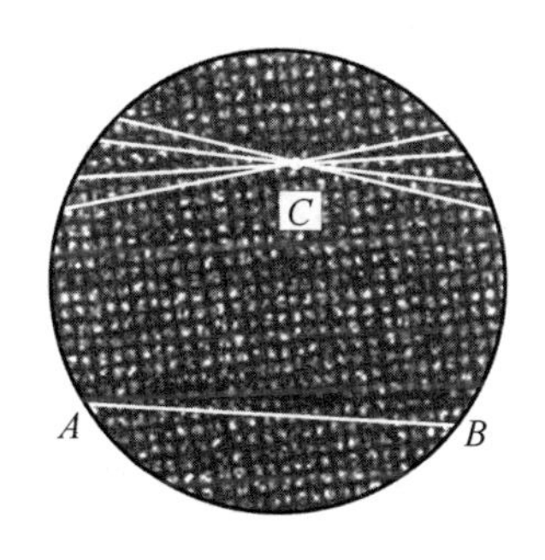

图4.4.1

事实上,克莱因模型还没有达到非欧几里得几何的标准,因为它不仅不服从平行公设,而且不服从欧几里得几何的其他公理.即,我们假定克莱因模型中的距离是用通常的欧几里得方法测量的,那么欧几里得的第四条公设(关于任意半径圆的存在性)不再成立.然而,从希尔伯特的观点来看,完备性公理在克莱因模型中是不成立的,人们可以将克莱因模型的所有点的圆封装到更大的圆中.因此得到新的克莱因模型,与原来的模型相比,有额外的点和线.我们稍后会改变距离的概念以纠正这些缺陷.(在这种情况下,圆周上的点与圆内的点变得无穷远).

克莱因模型的意义在数学史上已知的无数次尝试中变得更加明显,这些尝试从其他人那里推导出平行的假设.按照归谬法,我们可以从平行公设的否定入手,试图得出矛盾.

克莱因模型表明,仅仅拒绝平行的假设是不会产生矛盾的.此外,如果在克莱因模型中有意义的一些论点可能会导致矛盾,这意味着在经典平面几何中发现了一个矛盾.这是因为克莱因模型是用经典的平面几何来描述的.因此,平行公设成立的平面几何不可能是一致的(即没有逻辑矛盾),除非平行公设不成立的克莱因模型也是一致的.

§144 球面几何

在欧氏空间 R^3 中，考虑由坐标方程给出的曲面 $x_1^2+x_2^2+x_3^2=R^2$. 它由向径长度为 R 的点组成. 因此它是以原点为中心，以 R 为半径的球面. 这个曲面上的几何称为球面几何. 它提供了一个关于地球几何学的近似，非欧几里得几何模型. 即(图 4.4.2)，将球面几何中的线定义为球面的大圆. 每一个大圆都是用一个通过圆心的平面与球面相交而得到的. 任意两个这样的平面都相交于空间中通过中心(O)的直线. 这条线在球面上相交于两个完全相反的点(C,C')，因此这两个点都在两个大圆上. 这表明，在球面几何中任意两条直线都相交. 因此，欧几里得的平行公设在球面几何中不成立，因为球面几何中没有平行线.

球面几何中线段的长度(例如 AB，图 4.4.2)被认为是大圆对应弧的欧几里得弧长，即 $\pi R\,\dfrac{\alpha}{2d}$，其中 $2d$ 和 α 分别是直径角和中心角 AOB 的度数. 球面几何中的区域面积也是以自然的方式定义的，即作为球体相应部分的欧几里得面积. 这里(例如，表示球体的总面积为 $4\pi R^2$). 要测量球面上的角度，可以测量在相交点(C')处与相应的大圆相切的射线之间的欧几里得角($\angle A'C'B'$).

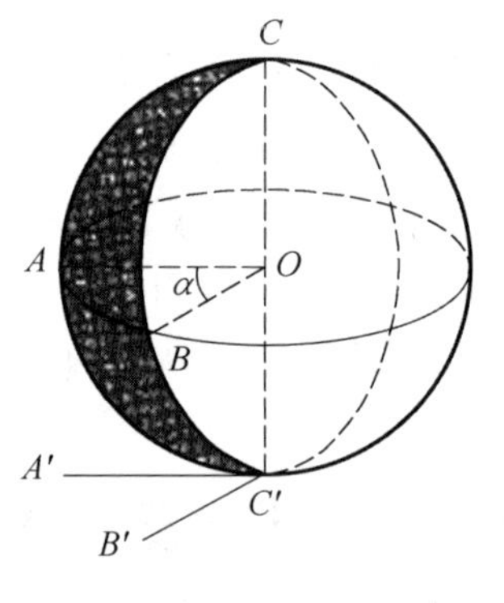

图 4.4.2

定理 球面三角形的内角之和(三角形 ABC，图 4.4.3)大于 $2d$. 更准确地说，角(α,β,γ)之和与直径 $2d$ 的比等于 1 加上三角形的球面面积 S 与大圆的面积之比

$$\frac{\alpha+\beta+\gamma}{2d}=1+\frac{S}{\pi R^2}$$

首先，检查包围在两个大半圆之间的一个球面弓形($CAC'B$，图 4.4.2 上的阴

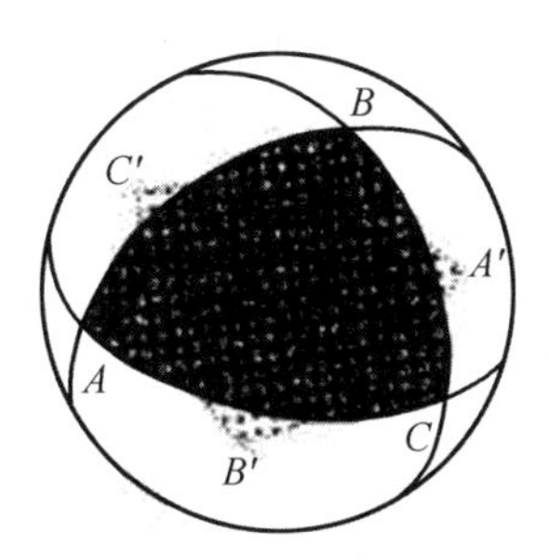

图 4.4.3

影). 通过 $\alpha=\angle AOB$ 的角度，绕 CC' 轴旋转的半圆扫过弓形. 显然(另见 § 112 中的注释)，弓形的面积与旋转角度成正比. 因此，面积等于 $4\pi R^2\,\frac{\alpha}{4d}=\pi R^2\,\frac{\alpha}{d}$. 弓形顶点 C' 处的边之间的 $\angle A'C'B'$ 是二面角 $ACC'B$ 的平面角(因为平面 $A'C'B'$ 与球在点 C' 相切，因此它与半径 OC' 垂直). 因此 $\alpha=\angle A'C'B'$ 注意到这两个大圆 $\angle CAC'$，$\angle CBC'$ 把球划分为四个弓形，其中一个与弓形 $CAC'B$ 关于圆球中心 O 对称，并且有相同的面积. 我们得出的结论是，顶点处具有内角 α 的一对中心对称的总面积为 $2\pi R^2\,\frac{\alpha}{d}$.

现在考虑任意三个大圆(图 4.4.3). 它们把球分成四对中心对称的球面三角形. 设三角形 ABC 与三角形 $A'B'C'$ 是其中的一对. 这些三角形的内球面角和垂直于它们的角同时都是三对中心对称的内角(例如，具有顶点 A 和 A' 的弓形对 $ABA'C$ 和 $AC'A'B'$). 这三对弓形的总面积等于 $\frac{2\pi R^2(\alpha+\beta+\gamma)}{d}$，其中 α，β，γ 是三角形 ABC 的角. 另一方面，这三对弓形覆盖了每个球面三角形 ABC 与三角形 $A'B'C'$ 三次，覆盖其余的球面一次. 因此，我们有

$$2\pi R^2\,\frac{\alpha+\beta+\gamma}{d}=4\pi R^2+4S$$

除以球的总面积，我们得到了所需的结果.

作为非欧几里得平面的模型，球面几何学存在以下明显缺陷：通过球面的一对中心对称点，可以通过无穷多个大圆(而在平面几何中，欧氏几何和非欧几何每一对点都允许有一条直线). 这个缺陷很容易纠正：只要声明球面的每一对中心坐标点都代表点集的单个元素即可. 这样就得到了非欧几里得几何的球面

模型，该模型除了一个公理外，服从几何平面的所有公理，即平行公设，它被每两条直线在同一点上的性质所代替. 由于球面模型完全是按照坐标欧几里得空间 R^3 构造的，这种非欧几里得几何学的版本至少和欧几里得几何学是一致的.

将球面模型与射影平面的 § 132 所述的结构进行比较是很有用的. 射影平面的点集可以定义为 R^3 中的一维子空间集(即通过原点的直线). 如果我们在 R^3 中选择一个不经过原点的平面 P(图 4.4.4)，那些与平面 P 不平行的一维子空间(例如 a)在每个点上都不相交，因此可以用平面 P 的这些点来识别. 射影平面还包含平行于平面 P(例如 b)的一维子空间，因此它们不是用平面 P 的点表示的(但可以解释为它的“无穷大点”). 注意到 R^3 中的每个一维子空间与以原点为中心的球相交于一对中心对称点(点 A 和点 A' 或点 B 和点 B'). 因此，球面几何的点集与射影平面的点集(全有限点或无限点)是一致的. 这样，射影平面就被赋予了从球面继承的点之间的距离的概念，即由一维子空间之间的角度($\angle AOB$)决定.

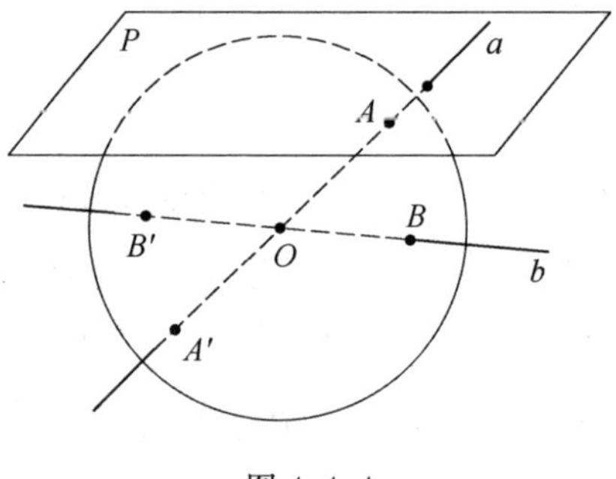

图 4.4.4

§ 145　闵可夫斯基空间

在坐标向量空间 R^3 中，引入闵可夫斯基内积：

$$(x_0, x_1, x_2) \cdot (y_0, y_2, x_3) = -x_0 y_0 + x_1 y_1 + x_2 y_2$$

可以直接证明内积的对称性和双线性性质. 但是这个内积并不是欧几里得的，因为存在非零向量 $\boldsymbol{x}=(x_0, x_1, x_2)$，其内平方 $\boldsymbol{x} \cdot \boldsymbol{x}$ 为 0 甚至是负数. 满足 $\boldsymbol{x} \cdot \boldsymbol{x}=0$ 的点集由方程 $x_0^2=x_1^2+x_2^2$ 给出. 固定一个非零值 x_0，我们在平面上得到中心位于 x_0 轴上，半径等于 $|x_0|$ 且平行于 (x_1, x_2) 坐标平面的一个圆. 另一方

面，如果一个点 $\boldsymbol{x}$ 位于这个曲面上，那么所有点的向径量都与 $\boldsymbol{x}$ 成正比. 因此，$\boldsymbol{x}\cdot\boldsymbol{x}=0$是一个顶点位于原点的圆锥曲面(图 4.4.5)，它通过绕 x 轴上一条线(例如 OA)旋转得到.

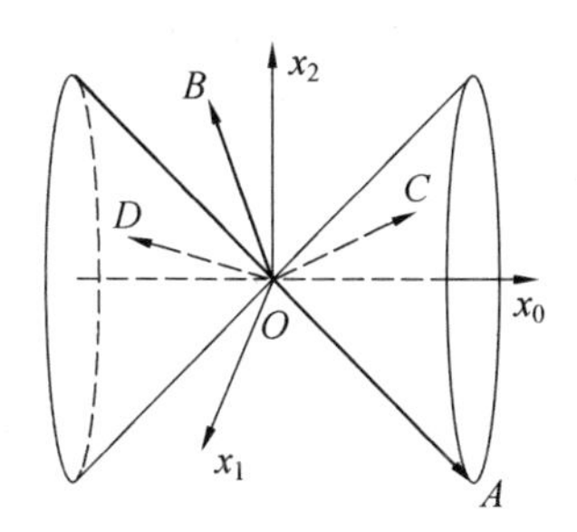

图 4.4.5

满足上述内积的空间 R^3 称为闵可夫斯基空间(相对于欧几里得空间)，这是以 1908 年得国数学家赫尔曼・闵可夫斯基与爱因斯坦的相对论相联系而提出的. 按照物理学的术语，我们称表面 $\boldsymbol{x}\cdot\boldsymbol{x}=0$ 为光锥. 它由类光向量(例如$\overrightarrow{OA}$)构成，并将满足 $\boldsymbol{x}\cdot\boldsymbol{x}>0$ 位于锥的两半之间的类空向量(例如$\overrightarrow{OB}$)与满足 $\boldsymbol{x}\cdot\boldsymbol{x}<0$且填充锥内部两个区域的类时向量(例如$\overrightarrow{OC}$或$\overrightarrow{OD}$)分开.

在闵可夫斯基空间中，不含类空间向量的子空间是一维子空间，这个性质使它区别于其他的内积空间. 注意到闵可夫斯基空间中的两点 A 和 B 的距离

$$\sqrt{\overrightarrow{AB}\cdot\overrightarrow{AB}}$$

只有当向量$\overrightarrow{AB}$(图 4.4.5)是类空间时，才被很好地定义.

内积为 0 的两个向量称为正交向量.

定理　在闵可夫斯基空间中，正交于类时向量的非零向量是类空的.

假定 $\boldsymbol{v}$ 是与类时向量 $\boldsymbol{u}$ 正交的类时向量或类光向量，即 $\boldsymbol{u}\cdot\boldsymbol{u}<0$，$\boldsymbol{u}\cdot\boldsymbol{v}=0$，$\boldsymbol{v}\cdot\boldsymbol{v}\leqslant 0$，那么

$$(\alpha\boldsymbol{u}+\beta\boldsymbol{v})\cdot(\alpha\boldsymbol{u}+\beta\boldsymbol{v})=\alpha^2\boldsymbol{u}\cdot\boldsymbol{u}+2\alpha\beta\boldsymbol{u}\cdot\boldsymbol{v}+\beta^2\boldsymbol{v}\cdot\boldsymbol{v}\leqslant 0$$

即由 $\boldsymbol{u}$ 和 $\boldsymbol{v}$ 的所有线性组合构成的二维子空间不包含类空向量. 在闵可夫斯基空间中，这是不可能的，因此向量 $\boldsymbol{v}$ 必须是类空的.

§146　双曲线平面

在闵可夫斯基空间 R^3 中，考虑坐标方程

$$x_0^2-x_1^2-x_2^2=R^2$$

给出的曲面(图 4.4.6).它由向径为类时且具有固定的闵可夫斯基内平方 $\boldsymbol{x}\cdot\boldsymbol{x}=-R^2$ 的所有点组成,固定一点 x_0,由垂直于 x_0 轴的平面所截的横截面是中心位于 x_0 轴上,半径为 $\sqrt{x_0^2-R^2}$ 的圆($x_0>R$ 或 $x_0<-R$).因此,它是一个关于 x_0 轴的旋转曲面.对于母线,可以取平面 $x_1=0$(即(x_0,x_2)坐标平面)的截面.这个母线是一个曲线,称为双曲线,整个曲面称为双曲面.闵可夫斯基空间中的双曲面与欧氏空间中的双曲面是对等的.

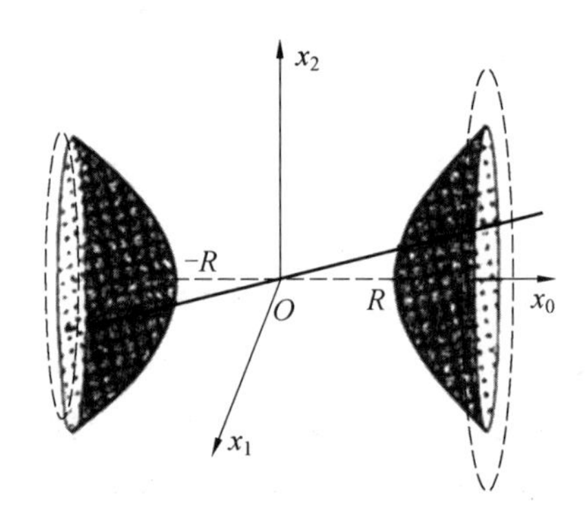

图 4.4.6

正如 § 144 所述,在非欧氏平面几何的球面模型中,欧氏空间 R^3 中所有一维子空间都扮演点的角色.在非欧氏平面几何的双曲面模型中,仅取闵可夫斯基空间 R^3 中一维类时子空间.每个这样的子空间正好在一点上满足双曲面的每个分支.因此,在双曲面模型中,可以用两个分支中的一个来识别点集,例如 $x_0>0$ 的分支.我们用 H 表示这个分支,称为双曲平面.

在双曲模型中,直线是由 H 与二维子空间相交来定义的.选择双曲平面 H 上的任意两点 A 和 B(图 4.4.7).在闵可夫斯基空间 R^3 中,存在唯一一个二维子空间包含 A 和 B,即通过点 A,B 和原点 O 的平面.这个平面与 H 的交点是一条曲线(即双曲线的一个分支),它被认为是双曲面模型的一条线.因此,在非欧几里得几何的双曲面模型中,可以通过每两个给定的点画出一条唯一的线.

设 C 是双曲线平面上的不位于直线 AB 上的任意一点,即位于子空间 AOB 之外.在这个子空间中,选择任意类空的向量 $\overrightarrow{OD}$,并通过点 C,D 和 O 绘制平面.该平面将沿双曲面模型中的一条曲线与双曲平面相交.这条线穿过点 C,不与直线 AB 相交.事实上,平面 AOB 和平面 COD 的交点位于类空的线

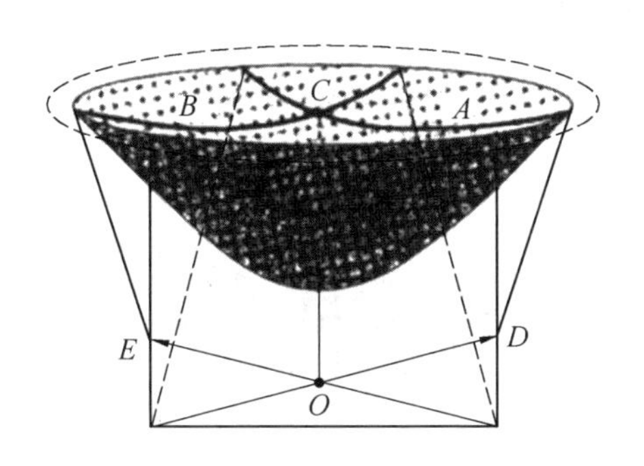

图 4.4.7

OD 上，因此与双曲面不相交. 在子空间 AOB 中选取与$\overrightarrow{OD}$不成比例的类空向量$\overrightarrow{OE}$，绘制平面 COE，得到另一条线 e，它通过点 C 而与直线 AB 不相交. 因此，在非欧几里得几何的双曲面模型中，通过给定线外的每个点，可以作出多条平行于给定直线的直线(实际上是无限多条线).

我们在 § 143 中看到，克莱因模型也是如此. 双曲面模型和克莱因模型之间的关系如下. 在闵可夫斯基空间(图 4.4.8)，作一个垂直于 x_0 轴的平面. 每一个一维类时的子空间都会在平面内部的一个点上与这个平面相交，这个点是由光锥从平面上切割出来的. 每个类时向量包含二维子空间沿着一个弦与圆相交. 这样，双曲面模型的点和线对应于克莱因模型的点和线. 我们将在下面展示如何利用闵可夫斯基空间的几何在双曲平面 H 上引入长度、角度和面积的度量.

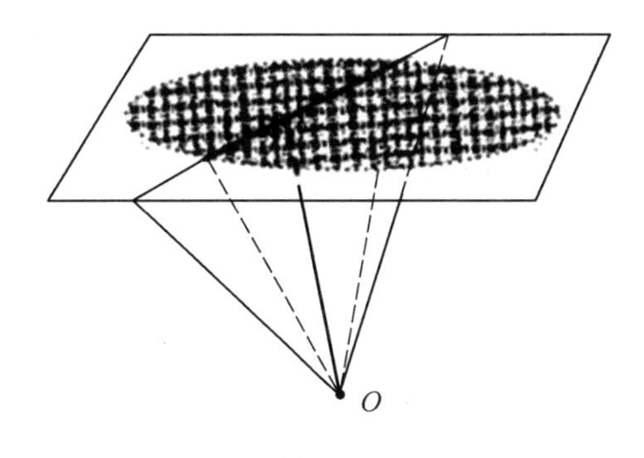

图 4.4.8

双曲平面上的两条线在点 A 处相交的角度(图 4.4.9)定义为闵可夫斯基

空间中与这些直线相切的任何非零向量（$\overrightarrow{AB}$和$\overrightarrow{AC}$）之间的夹角. 这些向量在点点 A 处与双曲面相切.

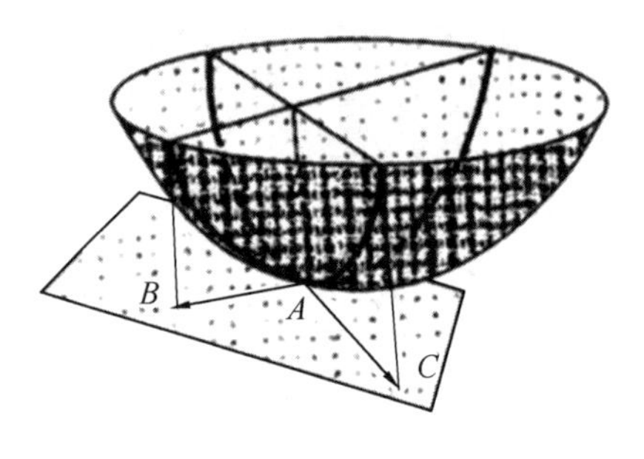

图 4.4.9

我们将在 § 152 中看到，这个平面与关于闵可夫斯基内积的点 A 的向径$\overrightarrow{OA}$是正交的. 例如，图 4.4.6 上与双曲面相切的平面由方程 $x_0=R$ 给出；与此平面平行的所有向量都具有形式$(0,U_1,U_2)$，并且与向量$(R,0,0)$正交. 由于向径$\overrightarrow{OA}$是类时的，在点 A 处与双曲面相切的所有向量都是类空的（根据 § 145 定理）. 因此切平面内积是欧氏的，使得向量$\overrightarrow{AB}$，$\overrightarrow{AC}$之间的角度可以用通常的方法测量

$$\cos\angle BAC=\frac{\overrightarrow{AB}\cdot\overrightarrow{AC}}{\sqrt{\overrightarrow{AB}\cdot\overrightarrow{AB}}\sqrt{\overrightarrow{AC}\cdot\overrightarrow{AC}}}$$

在双曲线平面上的线段长度和三角形面积（或更一般的图形）是通过使用折线（分别是多面体曲面）在闵可夫斯基空间通过逼近得到的.

引理 如果两个点 A 和 B 位于同一个双曲平面 H 上，那么闵可夫斯基空间中的向量$\overrightarrow{AB}$是类空的，即$\overrightarrow{AB}\cdot\overrightarrow{AB}>0$.

向量$\frac{1}{2}(\overrightarrow{OA}+\overrightarrow{OB})$是类时的，类似于圆锥的性质，其内部包含其端点在内的整个线段. 它与向量$\overrightarrow{AB}=\overrightarrow{OB}-\overrightarrow{OA}$正交，因为

$$(\overrightarrow{OA}+\overrightarrow{OB})\cdot(\overrightarrow{OB}-\overrightarrow{OA})=\overrightarrow{OA}\cdot\overrightarrow{OA}-\overrightarrow{OB}\cdot\overrightarrow{OB}=-R^2+R^2=0$$

根据 § 145 的定理，向量$\overrightarrow{AB}$必须是类空的.

考虑在双曲平面 H 上的一条线，该线与闵可夫斯基空间中的二维子空间相交，令 AB 是这条线的一段（即位于截面平面上的双曲线的弧，图 4.4.10）. 在弧线内部嵌入折线 $ABCD\cdots B$，根据引理，该折线的段 AC，CD 等都是类空

的，因此它们的长度在闵可夫斯基空间中也是有定义的. 例如，$|CD|=\sqrt{\overrightarrow{CD}\cdot\overrightarrow{CD}}$. 那么，将双曲面上 AB 段的长度定义为总长度$(|AC|+|CD|+\cdots)$随着单个段的最大长度趋于 0 的极限(因此段数无限期增加).

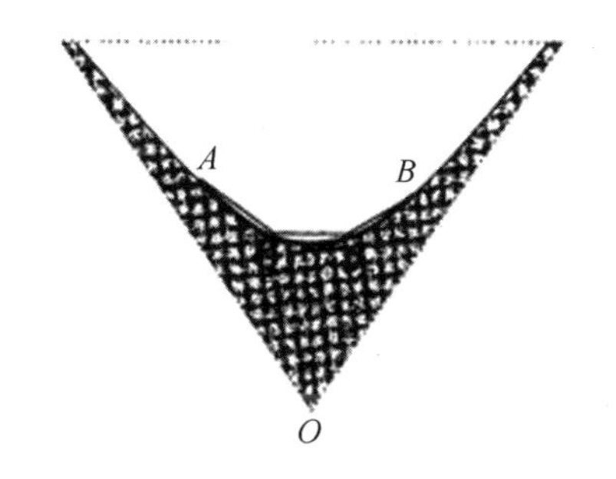

图 4.4.10

同样，在双曲面上给定一个三角形，我们可以用闵可夫斯基间中用一个多面体曲面来近似它，方法是在三角形的两个侧面和内部选取额外的点，并将它们作为面的顶点(见图 4,4.11). 区域的面积也是有定义的(实际上，根据引理，它们的边是类空的段，为了计算每个面的面积，可以使用平面欧几里得几何的任何方法，例如通过边的长度表示欧几里得三角形的面积的海伦公式.)然后将双曲面上三角形 ABC 的面积定义为闵可夫斯基空间中近似多面体总面积随多面体表面边缘和面尺寸的无限减小而趋向的极限.

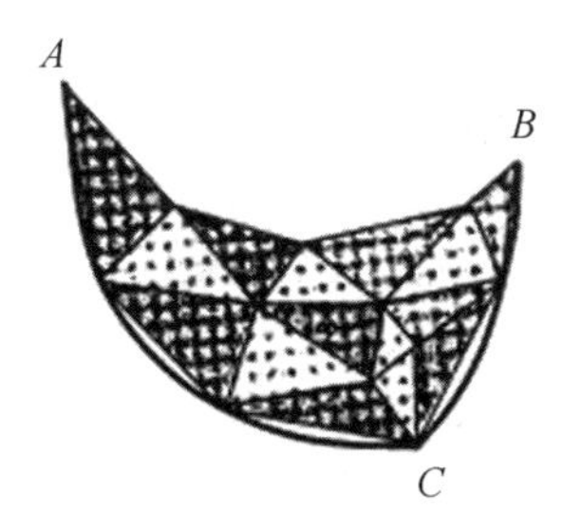

图 4.4.11

非欧几里得几何的双曲面模型完全由向量空间 R^3 和其中的赫伦内积构成. 因此，双曲平面的几何图形至少与“欧几里得和球面变量”一致. 在 § 152 中，我们将看到(与球面几何相反)长度在双曲面上的直线段和三角形区域是无界的. 关于三角形的内角和，以下 § 144 中的定理的解释成立(尽管我们不打算证明这一点).

双曲平面上三角形内角 α,β,γ 之和小于 $2d$，即

$$\frac{\alpha+\beta+\gamma}{2d}=1-\frac{S}{\pi R^2}$$

这里 S 是三角形的面积.

练　　习

1. 证明：向量 $\boldsymbol{x}=x_1\boldsymbol{e}_1+x_2\boldsymbol{e}_2+\boldsymbol{x}_3\boldsymbol{e}_3$ 关于笛卡儿坐标系的坐标可以由内积

$$x_1=\boldsymbol{x}\cdot\boldsymbol{e}_1,x_2=\boldsymbol{x}\cdot\boldsymbol{e}_2,x_3=\boldsymbol{x}\cdot\boldsymbol{e}_3$$

计算.

2. 验证向量空间 R^k 中的标准内积是对称的、双线性的和欧几里得的.

3. 描述识别坐标空间 R^1 中一维向量的所有方法.

4. 证明：R^k 的每一个 $k+1$ 元素都是线性相关的.

提示：继续 § 138 中 $k=1$ 和 2 的讨论.

5. 证明坐标空间 R^3 中的点集满足 $\alpha_1x_1+\alpha_2x_2+\alpha_3x_3=\beta$ 形式的方程的一组点是垂直于向量 $\alpha_1,\alpha_2,\alpha_3$ 的平面. 证明 R^3 中的每一个平面都可以用这种形式的方程来描述.

6. 哪一个平面的坐标方程（介绍在前面的练习中）描述：(a)同一个平面？(b)经过原点的平面？(c)平行平面？

7. 描述立体几何的克莱因模型.

8. 在所有角都是直角的球面三角形的例子中，直接验证 § 144 节的定理.

9. 用凸球面多边形的顶点数 n、面积 s 和球面半径 r 表示凸球面多边形的内角和.

10. (a)举一个球面三角形的例子，其外角小于不相邻的内角之一.

(b)检查证明，并确定在论证中默认的哪些假设使其不适用于球面几何.

11. * 证明球面几何中的三角形不等式. 提示：参见 § 47.

12. 在球面几何中，(1)求与一个给定点等距的点的几何轨迹；(2)一条给定线等距点的几何轨迹.

13. 证明在球面模型中，任意两点之间的距离不超过某一常数，并求出最大可能距离.

14. 证明：射影平面上的直线（定义在§132）对应于球模型中的直线（定义在§144）.

15. 非零向量能与自身正交吗？

16. 证明：闵可夫斯基空间包含无限多二维子空间，所有这些子空间的非零向量都是类空的.

17. 证明：如果两个点位于光锥的同一半面上，那么它们之间的距离是确定的.

18. 证明：一个有向线段，其尾部位于光锥的一半内部，头部位于光锥的另一半内部，表示一个类时向量.

第5节 等距算子

§147 等距、逆与合成

我们描述了平面几何的欧几里得模型、球面模型和双曲面模型的所有等距，即保持点间成对距离的相应平面的几何变换. 我们所考虑的每一个几何变换 G 都被假定为“一对一且对应上的”，也就是说，它需要将不同的点移动到不同的点上，并将问题中的平面转换成整个平面（而不是它的一部分）. 这些假设保证了几何变换的可撤销性，即表示 G^{-1} 的逆变换是很好的定义. 应用一次又一次的几何变换，得到它们的复合. 例如，将一个变换与它的逆变换组合在一起，无论是哪一个顺序，我们都得到了恒等式，即把每个点都保留在原点上的变换. 显然，等距的逆和合成也是等距的.

§148 欧几里得几何

我们从具有标准欧氏内积

$$(x_1, x_2) \cdot (y_1, y_2) = x_1 y_1 + x_2 y_2$$

的坐标平面 R^2 开始.

设 (a, b) 是任何单位向量，即 $a^2 + b^2 = 1$. 用公式

$$\boldsymbol{x} = (x_1, x_2) \mapsto Q\boldsymbol{x} = (ax_1 - bx_2, bx_1 + ax_2)$$

定义几何变换 Q. 这个表示法意味着箭头左边的向径 $\boldsymbol{x} = (x_1, x_2)$ 的点被 Q 移

动到一个新的位置,其向径是在箭头的右边指定的.

转换 Q 保留了内积

$$\begin{aligned} Q\boldsymbol{x}\cdot Q\boldsymbol{y} &= (ax_1-bx_2)(ay_1-by_2)+(bx_1+ax_2)(by_1+ay_2) \\ &= (a^2+b^2)x_1y_1+(b^2+a^2)x_2y_2+(ba-ab)x_1y_2+(ab-ba)x_2y_1 \\ &= x_1y_1+x_2y_2=\boldsymbol{x}\cdot\boldsymbol{y} \end{aligned}$$

因此,Q 保持到原点的距离和通过原点的线之间的角的度量(因为距离和角度仅使用内积来定义).因此,Q 是一个等距

$$|Q\boldsymbol{x}-Q\boldsymbol{y}|^2=|Q\boldsymbol{x}|^2-2Q\boldsymbol{x}\cdot Q\boldsymbol{y}+|Q\boldsymbol{y}|^2=|\boldsymbol{x}|^2-2\boldsymbol{x}\cdot\boldsymbol{y}+|\boldsymbol{y}|^2=|\boldsymbol{x}-\boldsymbol{y}|^2$$

实际上,Q 是角 θ 围绕原点旋转,使得 $a=\cos\theta,b=\sin\theta$. 实际上,对于 $\boldsymbol{e}_1=(1,0),\boldsymbol{e}_2=(0,1)$(图 4.5.1),$Q\boldsymbol{e}_1=(a,b),Q\boldsymbol{e}_2=(-b,a)$,即向量为逆时针旋转角度 θ. 它们的线性组合 $(x_1,x_2)=x_1e_1+x_2e_2$ 转换为 $x_1Q_{e_1}+x_2Q_{e_2}$,即同样旋转.

通过以下公式

$$\boldsymbol{x}=(x_1,x_2)\mapsto S\boldsymbol{x}=(x_1,-x_2)$$

定义变换 S:它是关于线 $x_2=0$ 的对称轴反射. 显然,S 也保留了内积,因此是一个等距变换.

对于任何实数 t,用向量 $\boldsymbol{t}=(t,0)$定义平移 T

$$\boldsymbol{x}=(x_1,x_2)\mapsto T\boldsymbol{x}=(x_1+t,x_2)$$

这是一个等距测量,因为$|T\boldsymbol{x}-T\boldsymbol{y}|=|(\boldsymbol{x}+\boldsymbol{t})-(\boldsymbol{y}+\boldsymbol{t})|=|\boldsymbol{x}-\boldsymbol{y}|$.

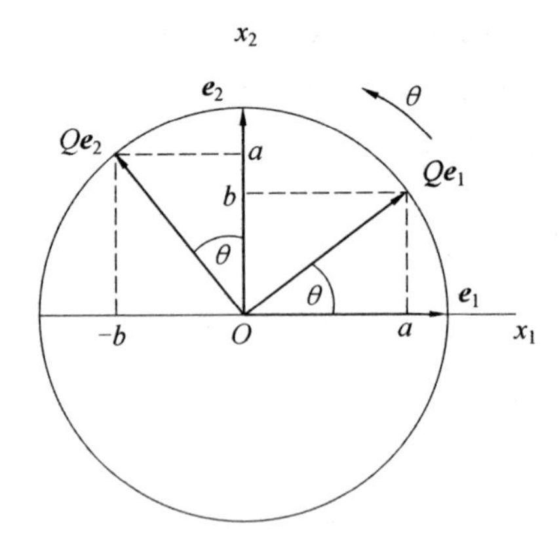

图 4.5.1

利用变换 Q,S,T 的复合,我们可以通过任意向量、任意中心的旋转和任意直线的反射(不一定通过原点)来获得平移.例如,由向量$(-t,0)$的平移将向径量$(t,0)$所在的点移动到原点.然后,围绕原点的角度 θ 旋转,通过矢量$(t,0)$平移,我们得到了围绕平移中心$(t,0)$的相同角度 θ 旋转.

§149　定理

欧几里得平面的每一个等距变换都可以由平移、旋转和反射的复合得到.

如果 $F(X)=X$,我们称 X 为几何变换 F 的不动点.

引理　具有三个不共线的定点的欧几里得平面的一个等距变换是恒等变换.

假设一个给定的等距 F 不是恒等变换性.那么存在一个点 Y,使得 $F(Y)\neq Y$,那么等距 F 固定的每个点 X 必须与 Y 和 $F(Y)$等距,即位于联结 Y 和 $F(Y)$的线段的垂直平分线上.这与 F 的三个不动点不共线的假设相矛盾.因此,F 是恒等变换.

为了证明这个定理,现在考虑平面的任意一个等距 G,并选取不共线的任意三点 A,B,C(图 4.5.2).那么存在一个将点 $G(A)$移回 A 的平移 T,将 T 分别应用于$G(B)$和 $G(C)$得到 B',C'.存在一个围绕中心 A 的一个旋转 Q,它将光线 AB'移动到AB.此外,由于 G,T,Q 是等距的,因此点 $Q(B')$与点 B 重合,因为它们都位于射线 AB 上,并且与点 A 的距离相同.令点 C''表示点 $Q(C')$,那么点 C 和点 C''与点 A 和点 B 等距,即点 C 和点 C''是分别以点 A 和点 B 为中心的两个圆的交点,由于因为两个圆相交于围绕中心线对称的两点,我们得出结论:点 C 和点 C''重合,或关于直线 AB 对称.在第二种情况下,通过对 AB 线的反射变换 S,将点 C 移动到点 C''.因此,G 与平移 T、旋转 Q 和(在第二种情况下)反射 S 的复合将点 A,B,C 移回其原始位置.通过引理,整个复合变换就是恒等变换.对变换 T,R(在第二种情况下是 S)进行逆变换,即应用 R^{-1},然后是 T^{-1}(在第二种情况下是 S^{-1},然后是 R^{-1},然后是 T^{-1}),我们得到一个平移、旋转和可能的反射的复合,它将每个点 X 移动到$G(X)$.因此等距线 G 就是这样一种复合.

注　事实上,欧几里得平面的每一个等距变换都是围绕某个中心旋转的角度,围绕某条直线反射,或由某个向量平移.

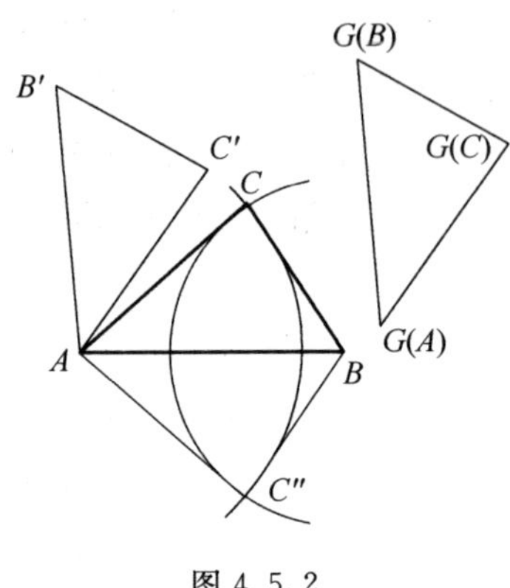

图 4.5.2

§150 球面几何

现在考虑半径 R 的球，以欧几里得空间 R^3 的原点为中心，该空间配备了标准内积

$$(x_1, x_2, x_3) \cdot (y_1, y_2, y_3) = x_1 y_1 + x_2 y_2 + x_3 y_3$$

设 P, P'(图 4.5.3)为球面与 x_3 轴的交点. m 为平面 $x_2=0$ 与球体相交得到的大圆. 由关于轴 PP'的角度 θ 定义旋转 Q，公式如下

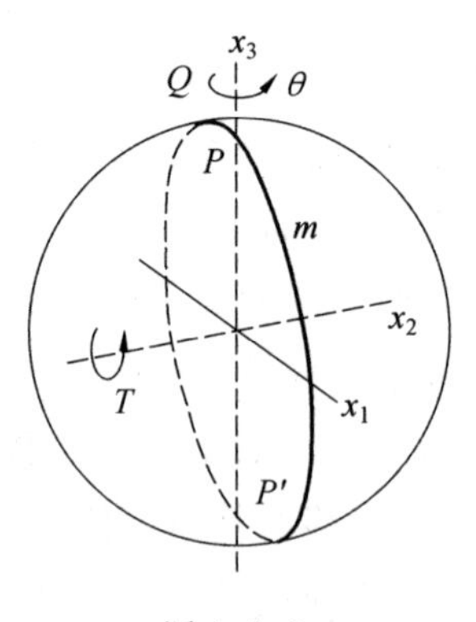

图 4.5.3

$$\boldsymbol{x} = (x_0, x_1, x_2) \mapsto \boldsymbol{Qx} = (ax_1 - bx_2, bx_1 + ax_2, x_3)$$

其中 $a=\cos\theta$ 和 $b=\sin\theta$ 满足 $a^2+b^2=1$. 将关于大圆 m 的反射 S 定义为

$$\boldsymbol{x} = (x_0, x_1, x_2) \mapsto \boldsymbol{Sx} = (tx_1 - ux_3, x_2, ux_1 + tx_3)$$

通过围绕 x_2 轴的角度 θ 定义旋转 T 为

$$\boldsymbol{x}=(x_0,x_1,x_2)\mapsto T\boldsymbol{x}=(tx_1-ux_3,x_2,ux_1+tx_3)$$

其中 $t=\cos\theta, u=\sin\theta$,满足 $t^2+u^2=1$.

变换 Q 保留 R^3 的内积(即对于所有向量 $\boldsymbol{x},\boldsymbol{y}$,$Qx\cdot Qy=\boldsymbol{x}\cdot\boldsymbol{y}$),同样适用于 S 和 T. 特别是,Q,S,T 保持球面,将大圆转换为大圆,并保留弧长. 将这些变换复合起来,我们就得到了球面绕任意轴的旋转,以及关于任意大圆的反射. 所有这些转换都将中心对称的点 $\pm\boldsymbol{x}$ 转换为彼此中心对称的点. 因此,这些变换作用于射影平面,从而定义了非欧几里得平面几何球形模型的等距变换.

我们把它作为一个练习,证明球面的每一个等距变换都可以通过变换 Q,T,S 的复合来获得. 实际上球面的每一个等距变换都是围绕一个轴旋转的,或者是关于一个大圆的反射. 然而,当球体的中心对称点被视为同一点时,赤道(m)附近的点(X)的反射(Y,图 4.5.4)与联结相应极点的直径 PP' 的轴对称(即旋转 180°)不可辩. 因此,非欧几里得几何球面模型的等距变换可以简化为围绕任意中心的任意角度的旋转.

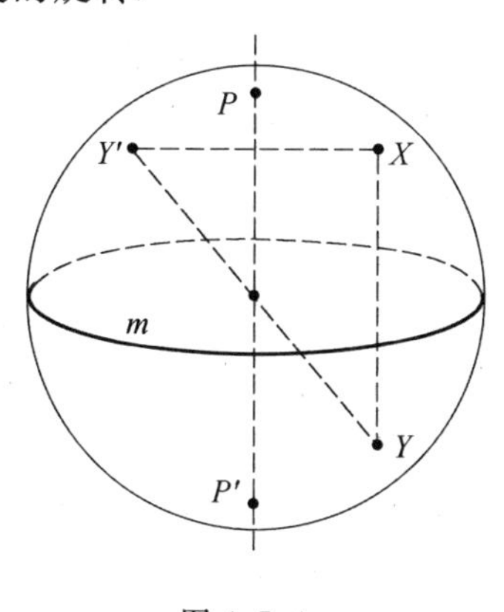

图 4.5.4

§151　双曲几何

在赋予闵可夫斯基内积

$$(x_1,x_2,x_3)\cdot(y_1,y_2,y_3)=-x_0y_0+x_1y_1+x_2y_2.$$

的 R^3 空间,令 $\mathscr{H}$ 和 $\mathscr{H}'$ 为由方程 $x_0-x_1-x_2=r^2$ 给出的旋转双曲面的两个分支,P,P'(图 4.5.5)是它们与 x_0 轴的交点,m 是由与平面 $x_2=0$ 相交而得到的 $\mathscr{H}$ 的母线.

转换 Q 由公式

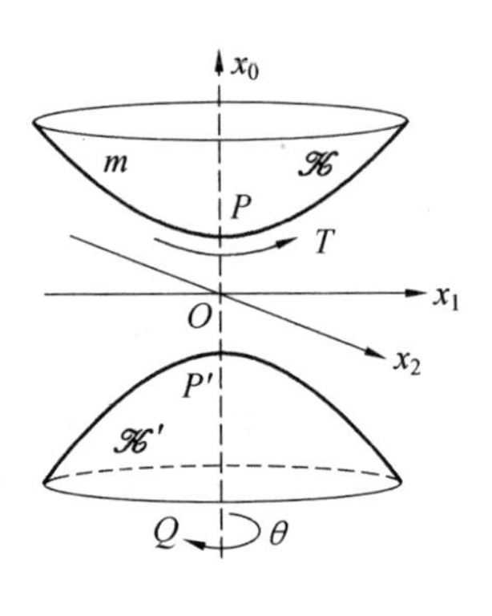

图 4.5.5

$$\boldsymbol{x}=(x_0,x_1,x_2)\mapsto \boldsymbol{Qx}=(x_0,ax_1-bx_2,bx_1+ax_2)$$

给出，其中 $a=\cos\theta$，$b=\sin\theta$，在闵可夫斯基空间中定义了通过围绕轴 PP' 的角度 θ 旋转. 将平面 $x_2=0$ 的反射定义为：$\boldsymbol{x}=(x_0,x_1,x_2)\mapsto \mathrm{S}\boldsymbol{x}=(x_0,x_1,-x_2)$.

这些变换保留了闵可夫斯基空间中的内积，并且由于它们也固定点 P，它们保留双曲面 $-\boldsymbol{x}\cdot\boldsymbol{x}=R^2$ 的分支 $\mathscr{H}$，并在其上定义等距. 将这些变换复合在一起，我们得到了固定点 P 的关于双曲平面 $\mathscr{H}$ 的等距变换、关于点 P 的旋转和关于通过点 P 的直线的反射.

用公式

$$\boldsymbol{x}=(x_0,x_1,x_2)\mapsto T\boldsymbol{x}=(tx_0+ux_1,ux_0+tx_1,x_2)$$

介绍闵可夫斯基空间关于 x_2 轴的双曲旋转 T，其中 t 和 u 是满足 $t^2-u^2=1$ 的任意实数. 双曲线旋转保留了内积

$$\begin{aligned}
T\boldsymbol{x}\cdot T\boldsymbol{y}&=-(tx_0+ux_1)(ty_0+uy_1)+(ux_0+tx_1)(uy_0+ty_1)+x_2y_2\\
&=(u^2-t^2)x_0y_0+(ut-tu)(x_0y_1-x_1y_0)+(t^2-u^2)x_1y_1+x_2y_2\\
&=-x_0y_0+x_1y_1+x_2y_2=\boldsymbol{x}\cdot\boldsymbol{y}
\end{aligned}$$

我们有：$T(R,0,0)=(tR,uR,0)$. 因此，如果要求 $t>0$，那么将点 $P=(R,0,0)$ 转化为双曲面的同一分支 $\mathscr{H}$ 的母线 m 上的一个点。然后由 T 保留整个分支 $\mathscr{H}$，从而定义了双曲平面的等距. 点 P 可以被 T 移动到 m 线上的任意点，然后移动到双曲平面上的任意点(也可以应用旋转 Q). 因此，我们证明了以下结果.

§152 定理

对于三种类型的几何平面(欧几里得平面、球面平面和双曲线平面)，我们

都可以将平面施加到自己身上(使用变换 Q 和 T 的组合),将任意给定的点移动到任意给定的点上,将通过第一个给定点的直线移动到通过第二个给定点的直线上这也可以通过相反的操作得到.

推论 (1)闵可夫斯基空间中的平面 $x_0=r$ 与点 P 的向径 $(R,0,0)$ 正交.平面与 $\mathscr{H}$ 相交于点 P,因此在点 P 处与 $\mathscr{H}$ 相切.在这个平面上应用将点平移到双曲面上的任意给定点的变换 Q,S,T 的复合,得到了 x 上与 $\mathscr{H}$ 相切的平面.由于变换保留了闵可夫斯基空间中的内积,我们得出结论:双曲面上的切平面与切点的圆周向量正交.

(2)双曲平面的变换将点 P 移动到线 m 的另一个点 $P_1=TP$(图 4.5.6),从而使整个线段 PP_1 移动到同一 m 上的线段 P_1P_2,其中 $P_2=TP_1$.将 T 应用于 P_1P_2,我们又得到了另一段 P_2P_3,其中 $P_3=TP_2$ 是 m 上的另一个点,依此类推.由于 T 是一个等距,所有的线段 PP_1,P_1P_2,P_2P_3 等在双曲平面上相等.我们得出结论:在双曲平面上,我们可以标记任意长度的线段.

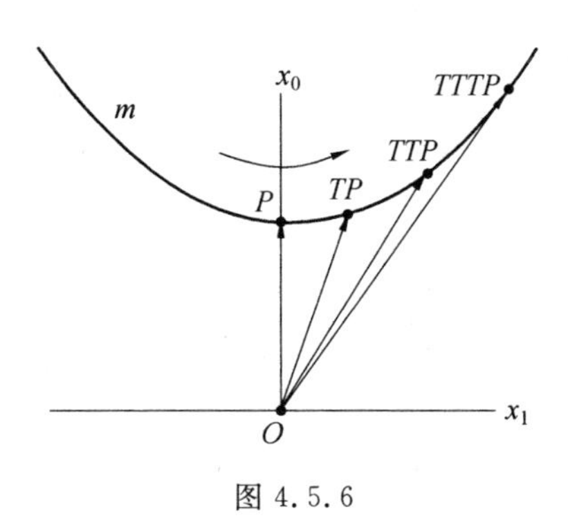

图 4.5.6

§153 注

(1)在双曲几何中,通过组合双曲平面的 Q,T,S 变换得到每个等距变换(见习题).然而,对所有等距的显式描述似乎比球面或欧几里得的略复杂一些.即,除了对任意直线的反射外,还有三种旋转,它们都是由闵可夫斯基空间保持 $\mathscr{H}$ 的变换引起的:关于类时轴的椭圆旋转(例如 Q)、关于类空轴的双曲旋转(例如 t)和关于类光轴的抛物线旋转.

(2)在平面几何的三种模型中,点与点之间的最短路径是线段.这使得我们可以用距离来对直线进行特征化,并解释了为什么等距,也就是定义为几何变换的距离，也是将直线转换成直线的原因.

(3)根据德国数学家波恩哈得·黎曼的思想，存在着比这里讨论的类型更为普遍的模型(例如，平面). 例如，可以在空间的任意曲面取一组点，并且点之间的最短路径(在曲面内)起到线的作用. 结果是，这三种几何：欧几里得、球面和双曲线，都是在更一般的黎曼曲面中被单独挑出来的，它们是唯一具有足够等距的曲面，从而使 § 152 的定理成立.

(4)相似变换，即保持角度但改变尺度的几何变换(以及相似但不全等的图形)存在于欧几里得几何中，但不存在于球面或双曲面中. 也就是说，在非欧几里得几何中，保持所有角度但比例改变因子 k 的变换将会产生一个新的模型，这个模型不能用等距的原始模型来识别. 为了说明这一点，在欧几里得空间 R^3 (在球面情况下)或在闵可夫斯基空间 R^3 (在双曲线情况下)使用关于中心 O，系数 $k>0$ 的同态变换. 这个同态变换把半径 R 的球体转化为半径 kR 的球体，把双曲面 $-\boldsymbol{x}\cdot\boldsymbol{x}=R^2$ 转化为由方程 $-\boldsymbol{x}\cdot\boldsymbol{x}=k^2R^2$ 表示出的双曲面. 然而，对应于 R 的不同值的球面或超双曲面不能用等距来识别. 实际上，正如 § 144 和 § 146 所示，具有给定角度的球形或双曲三角形的面积取决于 R.

(5)从 R^4 中的欧几里得内积或闵可夫斯基内积开始，可以建立立体非欧几里得几何的球面和双曲面模型.

练　　习

1. 欧几里得平面的什么等距可以通过(1)两次反射；(2)两次旋转的方式得到？

2. 在非欧几里得几何球面模型中找出与(1)一个点等距离的点的几何轨迹；(2)一条线等距离的点的几何轨迹.

3. 找到所有三元组的数字 $p\geqslant q\geqslant r\geqslant 2$，使得角度为 $\frac{2d}{p},\frac{2d}{q},\frac{2d}{r}$ 的三角形位于球面上. 证明在这样一个三角形的边上的反射以及它们的组合形成球面的一个有限等距的集合. 提示：与合适的多面体的对称性进行比较.

4. 令 $t>0$，u 是实数，使得 $t^2-u^2=1$，设 T，T' 是对应点对 (t,u)，$(t,-u)$ 关于 x_2 轴的双曲旋转(图 4.5.5). 证明 $T'=T^{-1}$.

5. 证明：在闵可夫斯基空间中，双曲平面 $\mathscr{H}$ 的切向量是类空的.

提示：当相切点为 P 时验证这一点(图 4.5.5)，并应用等距变换.

6. 证明：双曲面 $\mathscr{H}$ 被闵可夫斯基空间中的平面所截且平行于 $\mathscr{H}$ 在给定点处的切平面的横截面，是以给定点为圆心的圆，即由双曲几何与定点等距的所有点组成.

7. 证明：在双曲线平面 $\mathscr{H}$ 上，与给定直线等距的点的几何轨迹是由一对围绕原点中心对称的平行平面构成的 $\mathscr{H}$ 的横截面.

8. 证明：双曲面 $\mathscr{H}$ 上的每对点 A,A' 关于 $\mathscr{H}$ 与闵可夫斯基空间中垂直于向量 $\overrightarrow{AA'}$ 的二维子空间的交线对称. 并且该直线是与点 A,A' 等距离的点的几何轨迹.

9. 证明：固定三个非共线点的双曲面的等距是恒等的，并且由此得出双曲面的任何等距变换可以通过 §151 中定义的变换 Q,T,S 的复合来获得.

10. 假设由双曲面 $\mathscr{H}$ 与闵可夫斯基空间中的两个二维子空间相交得到两条线，当与子空间的交线为：(1)类时；(2)类空；(3)类光三种情况时，描述这些线构成的反射的结果.

11. 证明欧几里得或非欧几里得平面的每个等距变换都可以由一次，两次或三次反射组成.

12. 证明在欧几里得或非欧几里得平面上，直线段是其端点之间的最短路径.

提示：证明联结相同端点但避开线段的任何给定点的每条路径都可以用通过它的较短路径替换.

刘培杰数学工作室

已出版(即将出版)图书目录——初等数学

书　　名	出版时间	定　价	编号
新编中学数学解题方法全书(高中版)上卷(第2版)	2018-08	58.00	951
新编中学数学解题方法全书(高中版)中卷(第2版)	2018-08	68.00	952
新编中学数学解题方法全书(高中版)下卷(一)(第2版)	2018-08	58.00	953
新编中学数学解题方法全书(高中版)下卷(二)(第2版)	2018-08	58.00	954
新编中学数学解题方法全书(高中版)下卷(三)(第2版)	2018-08	68.00	955
新编中学数学解题方法全书(初中版)上卷	2008-01	28.00	29
新编中学数学解题方法全书(初中版)中卷	2010-07	38.00	75
新编中学数学解题方法全书(高考复习卷)	2010-01	48.00	67
新编中学数学解题方法全书(高考真题卷)	2010-01	38.00	62
新编中学数学解题方法全书(高考精华卷)	2011-03	68.00	118
新编平面解析几何解题方法全书(专题讲座卷)	2010-01	18.00	61
新编中学数学解题方法全书(自主招生卷)	2013-08	88.00	261
数学奥林匹克与数学文化(第一辑)	2006-05	48.00	4
数学奥林匹克与数学文化(第二辑)(竞赛卷)	2008-01	48.00	19
数学奥林匹克与数学文化(第二辑)(文化卷)	2008-07	58.00	36′
数学奥林匹克与数学文化(第三辑)(竞赛卷)	2010-01	48.00	59
数学奥林匹克与数学文化(第四辑)(竞赛卷)	2011-08	58.00	87
数学奥林匹克与数学文化(第五辑)	2015-06	98.00	370
世界著名平面几何经典著作钩沉——几何作图专题卷(共3卷)	2022-01	198.00	1460
世界著名平面几何经典著作钩沉(民国平面几何老课本)	2011-03	38.00	113
世界著名平面几何经典著作钩沉(建国初期平面三角老课本)	2015-08	38.00	507
世界著名解析几何经典著作钩沉——平面解析几何卷	2014-01	38.00	264
世界著名数论经典著作钩沉(算术卷)	2012-01	28.00	125
世界著名数学经典著作钩沉——立体几何卷	2011-02	28.00	88
世界著名三角学经典著作钩沉(平面三角卷Ⅰ)	2010-06	28.00	69
世界著名三角学经典著作钩沉(平面三角卷Ⅱ)	2011-01	38.00	78
世界著名初等数论经典著作钩沉(理论和实用算术卷)	2011-07	38.00	126
世界著名几何经典著作钩沉(解析几何卷)	2022-10	68.00	1564
发展你的空间想象力(第3版)	2021-01	98.00	1464
空间想象力进阶	2019-05	68.00	1062
走向国际数学奥林匹克的平面几何试题诠释.第1卷	2019-07	88.00	1043
走向国际数学奥林匹克的平面几何试题诠释.第2卷	2019-09	78.00	1044
走向国际数学奥林匹克的平面几何试题诠释.第3卷	2019-03	78.00	1045
走向国际数学奥林匹克的平面几何试题诠释.第4卷	2019-09	98.00	1046
平面几何证明方法全书	2007-08	35.00	1
平面几何证明方法全书习题解答(第2版)	2006-12	18.00	10
平面几何天天练上卷·基础篇(直线型)	2013-01	58.00	208
平面几何天天练中卷·基础篇(涉及圆)	2013-01	28.00	234
平面几何天天练下卷·提高篇	2013-01	58.00	237
平面几何专题研究	2013-07	98.00	258
平面几何解题之道.第1卷	2022-05	38.00	1494
几何学习题集	2020-10	48.00	1217
通过解题学习代数几何	2021-04	88.00	1301
圆锥曲线的奥秘	2022-06	88.00	1541

刘培杰数学工作室
已出版(即将出版)图书目录——初等数学

书　　名	出版时间	定　价	编号
最新世界各国数学奥林匹克中的平面几何试题	2007-09	38.00	14
数学竞赛平面几何典型题及新颖解	2010-07	48.00	74
初等数学复习及研究(平面几何)	2008-09	68.00	38
初等数学复习及研究(立体几何)	2010-06	38.00	71
初等数学复习及研究(平面几何)习题解答	2009-01	58.00	42
几何学教程(平面几何卷)	2011-03	68.00	90
几何学教程(立体几何卷)	2011-07	68.00	130
几何变换与几何证题	2010-06	88.00	70
计算方法与几何证题	2011-06	28.00	129
立体几何技巧与方法(第2版)	2022-10	168.00	1572
几何瑰宝——平面几何500名题暨1500条定理(上、下)	2021-07	168.00	1358
三角形的解法与应用	2012-07	18.00	183
近代的三角形几何学	2012-07	48.00	184
一般折线几何学	2015-08	48.00	503
三角形的五心	2009-06	28.00	51
三角形的六心及其应用	2015-10	68.00	542
三角形趣谈	2012-08	28.00	212
解三角形	2014-01	28.00	265
探秘三角形:一次数学旅行	2021-10	68.00	1387
三角学专门教程	2014-09	28.00	387
图天下几何新题试卷.初中(第2版)	2017-11	58.00	855
圆锥曲线习题集(上册)	2013-06	68.00	255
圆锥曲线习题集(中册)	2015-01	78.00	434
圆锥曲线习题集(下册·第1卷)	2016-10	78.00	683
圆锥曲线习题集(下册·第2卷)	2018-01	98.00	853
圆锥曲线习题集(下册·第3卷)	2019-10	128.00	1113
圆锥曲线的思想方法	2021-08	48.00	1379
圆锥曲线的八个主要问题	2021-10	48.00	1415
论九点圆	2015-05	88.00	645
近代欧氏几何学	2012-03	48.00	162
罗巴切夫斯基几何学及几何基础概要	2012-07	28.00	188
罗巴切夫斯基几何学初步	2015-06	28.00	474
用三角、解析几何、复数、向量计算解数学竞赛几何题	2015-03	48.00	455
用解析法研究圆锥曲线的几何理论	2022-05	48.00	1495
美国中学几何教程	2015-04	88.00	458
三线坐标与三角形特征点	2015-04	98.00	460
坐标几何学基础.第1卷,笛卡儿坐标	2021-08	48.00	1398
坐标几何学基础.第2卷,三线坐标	2021-09	28.00	1399
平面解析几何方法与研究(第1卷)	2015-05	18.00	471
平面解析几何方法与研究(第2卷)	2015-06	18.00	472
平面解析几何方法与研究(第3卷)	2015-07	18.00	473
解析几何研究	2015-01	38.00	425
解析几何学教程.上	2016-01	38.00	574
解析几何学教程.下	2016-01	38.00	575
几何学基础	2016-01	58.00	581
初等几何研究	2015-02	58.00	444
十九和二十世纪欧氏几何学中的片段	2017-01	58.00	696
平面几何中考.高考.奥数一本通	2017-07	28.00	820
几何学简史	2017-08	28.00	833
四面体	2018-01	48.00	880
平面几何证明方法思路	2018-12	68.00	913
折纸中的几何练习	2022-09	48.00	1559
中学新几何学(英文)	2022-10	98.00	1562

刘培杰数学工作室
已出版(即将出版)图书目录——初等数学

书　名	出版时间	定　价	编号
平面几何图形特性新析. 上篇	2019-01	68.00	911
平面几何图形特性新析. 下篇	2018-06	88.00	912
平面几何范例多解探究. 上篇	2018-04	48.00	910
平面几何范例多解探究. 下篇	2018-12	68.00	914
从分析解题过程学解题:竞赛中的几何问题研究	2018-07	68.00	946
从分析解题过程学解题:竞赛中的向量几何与不等式研究(全2册)	2019-06	138.00	1090
从分析解题过程学解题:竞赛中的不等式问题	2021-01	48.00	1249
二维、三维欧氏几何的对偶原理	2018-12	38.00	990
星形大观及闭折线论	2019-03	68.00	1020
立体几何的问题和方法	2019-11	58.00	1127
三角代换论	2021-05	58.00	1313
俄罗斯平面几何问题集	2009-08	88.00	55
俄罗斯立体几何问题集	2014-03	58.00	283
俄罗斯几何大师——沙雷金论数学及其他	2014-01	48.00	271
来自俄罗斯的5000道几何习题及解答	2011-03	58.00	89
俄罗斯初等数学问题集	2012-05	38.00	177
俄罗斯函数问题集	2011-03	38.00	103
俄罗斯组合分析问题集	2011-01	48.00	79
俄罗斯初等数学万题选——三角卷	2012-11	38.00	222
俄罗斯初等数学万题选——代数卷	2013-08	68.00	225
俄罗斯初等数学万题选——几何卷	2014-01	68.00	226
俄罗斯《量子》杂志数学征解问题100题选	2018-08	48.00	969
俄罗斯《量子》杂志数学征解问题又100题选	2018-08	48.00	970
俄罗斯《量子》杂志数学征解问题	2020-05	48.00	1138
463个俄罗斯几何老问题	2012-01	28.00	152
《量子》数学短文精粹	2018-09	38.00	972
用三角、解析几何等计算解来自俄罗斯的几何题	2019-11	88.00	1119
基谢廖夫平面几何	2022-01	48.00	1461
基谢廖夫立体几何	2023-04	48.00	1599
数学:代数、数学分析和几何(10-11年级)	2021-01	48.00	1250
立体几何. 10—11年级	2022-01	58.00	1472
直观几何学:5—6年级	2022-04	58.00	1508
平面几何:9—11年级	2022-10	48.00	1571
谈谈素数	2011-03	18.00	91
平方和	2011-03	18.00	92
整数论	2011-05	38.00	120
从整数谈起	2015-10	28.00	538
数与多项式	2016-01	38.00	558
谈谈不定方程	2011-05	28.00	119
质数漫谈	2022-07	68.00	1529
解析不等式新论	2009-06	68.00	48
建立不等式的方法	2011-03	98.00	104
数学奥林匹克不等式研究(第2版)	2020-07	68.00	1181
不等式研究(第二辑)	2012-02	68.00	153
不等式的秘密(第一卷)(第2版)	2014-02	38.00	286
不等式的秘密(第二卷)	2014-01	38.00	268
初等不等式的证明方法	2010-06	38.00	123
初等不等式的证明方法(第二版)	2014-11	38.00	407
不等式・理论・方法(基础卷)	2015-07	38.00	496
不等式・理论・方法(经典不等式卷)	2015-07	38.00	497
不等式・理论・方法(特殊类型不等式卷)	2015-07	48.00	498
不等式探究	2016-03	38.00	582
不等式探秘	2017-01	88.00	689
四面体不等式	2017-01	68.00	715
数学奥林匹克中常见重要不等式	2017-09	38.00	845

刘培杰数学工作室
已出版(即将出版)图书目录——初等数学

书　　名	出版时间	定　价	编号
三正弦不等式	2018-09	98.00	974
函数方程与不等式:解法与稳定性结果	2019-04	68.00	1058
数学不等式. 第1卷,对称多项式不等式	2022-05	78.00	1455
数学不等式. 第2卷,对称有理不等式与对称无理不等式	2022-05	88.00	1456
数学不等式. 第3卷,循环不等式与非循环不等式	2022-05	88.00	1457
数学不等式. 第4卷,Jensen 不等式的扩展与加细	2022-05	88.00	1458
数学不等式. 第5卷,创建不等式与解不等式的其他方法	2022-05	88.00	1459
同余理论	2012-05	38.00	163
[x]与{x}	2015-04	48.00	476
极值与最值. 上卷	2015-06	28.00	486
极值与最值. 中卷	2015-06	38.00	487
极值与最值. 下卷	2015-06	28.00	488
整数的性质	2012-11	38.00	192
完全平方数及其应用	2015-08	78.00	506
多项式理论	2015-10	88.00	541
奇数、偶数、奇偶分析法	2018-01	98.00	876
不定方程及其应用. 上	2018-12	58.00	992
不定方程及其应用. 中	2019-01	78.00	993
不定方程及其应用. 下	2019-02	98.00	994
Nesbitt 不等式加强式的研究	2022-06	128.00	1527
最值定理与分析不等式	2023-02	78.00	1567
一类积分不等式	2023-02	88.00	1579
历届美国中学生数学竞赛试题及解答(第一卷)1950-1954	2014-07	18.00	277
历届美国中学生数学竞赛试题及解答(第二卷)1955-1959	2014-04	18.00	278
历届美国中学生数学竞赛试题及解答(第三卷)1960-1964	2014-06	18.00	279
历届美国中学生数学竞赛试题及解答(第四卷)1965-1969	2014-04	28.00	280
历届美国中学生数学竞赛试题及解答(第五卷)1970-1972	2014-06	18.00	281
历届美国中学生数学竞赛试题及解答(第六卷)1973-1980	2017-07	18.00	768
历届美国中学生数学竞赛试题及解答(第七卷)1981-1986	2015-01	18.00	424
历届美国中学生数学竞赛试题及解答(第八卷)1987-1990	2017-05	18.00	769
历届中国数学奥林匹克试题集(第3版)	2021-10	58.00	1440
历届加拿大数学奥林匹克试题集	2012-08	38.00	215
历届美国数学奥林匹克试题集:1972~2019	2020-04	88.00	1135
历届波兰数学竞赛试题集. 第1卷,1949~1963	2015-03	18.00	453
历届波兰数学竞赛试题集. 第2卷,1964~1976	2015-03	18.00	454
历届巴尔干数学奥林匹克试题集	2015-05	38.00	466
保加利亚数学奥林匹克	2014-10	38.00	393
圣彼得堡数学奥林匹克试题集	2015-01	38.00	429
匈牙利奥林匹克数学竞赛题解. 第1卷	2016-05	28.00	593
匈牙利奥林匹克数学竞赛题解. 第2卷	2016-05	28.00	594
历届美国数学邀请赛试题集(第2版)	2017-10	78.00	851
普林斯顿大学数学竞赛	2016-06	38.00	669
亚太地区数学奥林匹克竞赛题	2015-07	18.00	492
日本历届(初级)广中杯数学竞赛试题及解答. 第1卷(2000~2007)	2016-05	28.00	641
日本历届(初级)广中杯数学竞赛试题及解答. 第2卷(2008~2015)	2016-05	38.00	642
越南数学奥林匹克题选:1962-2009	2021-07	48.00	1370
360个数学竞赛问题	2016-08	58.00	677
奥数最佳实战题. 上卷	2017-06	38.00	760
奥数最佳实战题. 下卷	2017-05	58.00	761
哈尔滨市早期中学数学竞赛试题汇编	2016-07	28.00	672
全国高中数学联赛试题及解答:1981—2019(第4版)	2020-07	138.00	1176
2022年全国高中数学联合竞赛模拟题集	2022-06	30.00	1521

刘培杰数学工作室

已出版(即将出版)图书目录——初等数学

书　　名	出版时间	定　价	编号
20世纪50年代全国部分城市数学竞赛试题汇编	2017-07	28.00	797
国内外数学竞赛题及精解:2018~2019	2020-08	45.00	1192
国内外数学竞赛题及精解:2019~2020	2021-11	58.00	1439
许康华竞赛优学精选集.第一辑	2018-08	68.00	949
天问叶班数学问题征解100题.Ⅰ,2016-2018	2019-05	88.00	1075
天问叶班数学问题征解100题.Ⅱ,2017-2019	2020-07	98.00	1177
美国初中数学竞赛:AMC8准备(共6卷)	2019-07	138.00	1089
美国高中数学竞赛:AMC10准备(共6卷)	2019-08	158.00	1105
王连笑教你怎样学数学:高考选择题解题策略与客观题实用训练	2014-01	48.00	262
王连笑教你怎样学数学:高考数学高层次讲座	2015-02	48.00	432
高考数学的理论与实践	2009-08	38.00	53
高考数学核心题型解题方法与技巧	2010-01	28.00	86
高考思维新平台	2014-03	38.00	259
高考数学压轴题解题诀窍(上)(第2版)	2018-01	58.00	874
高考数学压轴题解题诀窍(下)(第2版)	2018-01	48.00	875
北京市五区文科数学三年高考模拟题详解:2013~2015	2015-08	48.00	500
北京市五区理科数学三年高考模拟题详解:2013~2015	2015-09	68.00	505
向量法巧解数学高考题	2009-08	28.00	54
高中数学课堂教学的实践与反思	2021-11	48.00	791
数学高考参考	2016-01	78.00	589
新课程标准高考数学解答题各种题型解法指导	2020-08	78.00	1196
全国及各省市高考数学试题审题要津与解法研究	2015-02	48.00	450
高中数学章节起始课的教学研究与案例设计	2019-05	28.00	1064
新课标高考数学——五年试题分章详解(2007~2011)(上、下)	2011-10	78.00	140,141
全国中考数学压轴题审题要津与解法研究	2013-04	78.00	248
新编全国及各省市中考数学压轴题审题要津与解法研究	2014-05	58.00	342
全国及各省市5年中考数学压轴题审题要津与解法研究(2015版)	2015-04	58.00	462
中考数学专题总复习	2007-04	28.00	6
中考数学较难题常考题型解题方法与技巧	2016-09	48.00	681
中考数学难题常考题型解题方法与技巧	2016-09	48.00	682
中考数学中档题常考题型解题方法与技巧	2017-08	68.00	835
中考数学选择填空压轴好题妙解365	2017-05	38.00	759
中考数学:三类重点考题的解法例析与习题	2020-04	48.00	1140
中小学数学的历史文化	2019-11	48.00	1124
初中平面几何百题多思创新解	2020-01	58.00	1125
初中数学中考备考	2020-01	58.00	1126
高考数学之九章演义	2019-08	68.00	1044
高考数学之难题谈笑间	2022-06	68.00	1519
化学可以这样学:高中化学知识方法智慧感悟疑难辨析	2019-07	58.00	1103
如何成为学习高手	2019-09	58.00	1107
高考数学:经典真题分类解析	2020-04	78.00	1134
高考数学解答题破解策略	2020-11	58.00	1221
从分析解题过程学解题:高考压轴题与竞赛题之关系探究	2020-08	88.00	1179
教学新思考:单元整体视角下的初中数学教学设计	2021-03	58.00	1278
思维再拓展:2020年经典几何题的多解探究与思考	即将出版		1279
中考数学小压轴汇编初讲	2017-07	48.00	788
中考数学大压轴专题微言	2017-09	48.00	846
怎么解中考平面几何探索题	2019-06	48.00	1093
北京中考数学压轴题解题方法突破(第8版)	2022-11	78.00	1577
助你高考成功的数学解题智慧:知识是智慧的基础	2016-01	58.00	596
助你高考成功的数学解题智慧:错误是智慧的试金石	2016-04	58.00	643
助你高考成功的数学解题智慧:方法是智慧的推手	2016-04	68.00	657
高考数学奇思妙解	2016-04	38.00	610
高考数学解题策略	2016-05	48.00	670

刘培杰数学工作室
已出版(即将出版)图书目录——初等数学

书　　名	出版时间	定　价	编号
数学解题泄天机(第2版)	2017-10	48.00	850
高考物理压轴题全解	2017-04	58.00	746
高中物理经典问题25讲	2017-05	28.00	764
高中物理教学讲义	2018-01	48.00	871
高中物理教学讲义:全模块	2022-03	98.00	1492
高中物理答疑解惑65篇	2021-11	48.00	1462
中学物理基础问题解析	2020-08	48.00	1183
2017年高考理科数学真题研究	2018-01	58.00	867
2017年高考文科数学真题研究	2018-01	48.00	868
初中数学、高中数学脱节知识补缺教材	2017-06	48.00	766
高考数学小题抢分必练	2017-10	48.00	834
高考数学核心素养解读	2017-09	38.00	839
高考数学客观题解题方法和技巧	2017-10	38.00	847
十年高考数学精品试题审题要津与解法研究	2021-10	98.00	1427
中国历届高考数学试题及解答.1949-1979	2018-01	38.00	877
历届中国高考数学试题及解答.第二卷,1980—1989	2018-10	28.00	975
历届中国高考数学试题及解答.第三卷,1990—1999	2018-10	48.00	976
数学文化与高考研究	2018-03	48.00	882
跟我学解高中数学题	2018-07	58.00	926
中学数学研究的方法及案例	2018-05	58.00	869
高考数学抢分技能	2018-07	68.00	934
高一新生常用数学方法和重要数学思想提升教材	2018-06	38.00	921
2018年高考数学真题研究	2019-01	68.00	1000
2019年高考数学真题研究	2020-05	88.00	1137
高考数学全国卷六道解答题常考题型解题诀窍:理科(全2册)	2019-07	78.00	1101
高考数学全国卷16道选择、填空题常考题型解题诀窍.理科	2018-09	88.00	971
高考数学全国卷16道选择、填空题常考题型解题诀窍.文科	2020-01	88.00	1123
高中数学一题多解	2019-06	58.00	1087
历届中国高考数学试题及解答:1917-1999	2021-08	98.00	1371
2000~2003年全国及各省市高考数学试题及解答	2022-05	88.00	1499
2004年全国及各省市高考数学试题及解答	2022-07	78.00	1500
突破高原:高中数学解题思维探究	2021-08	48.00	1375
高考数学中的"取值范围"	2021-10	48.00	1429
新课程标准高中数学各种题型解法大全.必修一分册	2021-06	58.00	1315
新课程标准高中数学各种题型解法大全.必修二分册	2022-01	68.00	1471
高中数学各种题型解法大全.选择性必修一分册	2022-06	68.00	1525
高中数学各种题型解法大全.选择性必修二分册	2023-01	58.00	1600

书　　名	出版时间	定　价	编号
新编640个世界著名数学智力趣题	2014-01	88.00	242
500个最新世界著名数学智力趣题	2008-06	48.00	3
400个最新世界著名数学最值问题	2008-09	48.00	36
500个世界著名数学征解问题	2009-06	48.00	52
400个中国最佳初等数学征解老问题	2010-01	48.00	60
500个俄罗斯数学经典老题	2011-01	28.00	81
1000个国外中学物理好题	2012-04	48.00	174
300个日本高考数学题	2012-05	38.00	142
700个早期日本高考数学试题	2017-02	88.00	752
500个前苏联早期高考数学试题及解答	2012-05	28.00	185
546个早期俄罗斯大学生数学竞赛题	2014-03	38.00	285
548个来自美苏的数学好问题	2014-11	28.00	396
20所苏联著名大学早期入学试题	2015-02	18.00	452
161道德国工科大学生必做的微分方程习题	2015-05	28.00	469
500个德国工科大学生必做的高数习题	2015-06	28.00	478
360个数学竞赛问题	2016-08	58.00	677
200个趣味数学故事	2018-02	48.00	857
470个数学奥林匹克中的最值问题	2018-10	88.00	985
德国讲义日本考题.微积分卷	2015-04	48.00	456
德国讲义日本考题.微分方程卷	2015-04	38.00	457
二十世纪中叶中、英、美、日、法、俄高考数学试题精选	2017-06	38.00	783

刘培杰数学工作室
已出版(即将出版)图书目录——初等数学

书　　名	出版时间	定　价	编号
中国初等数学研究　2009 卷(第 1 辑)	2009-05	20.00	45
中国初等数学研究　2010 卷(第 2 辑)	2010-05	30.00	68
中国初等数学研究　2011 卷(第 3 辑)	2011-07	60.00	127
中国初等数学研究　2012 卷(第 4 辑)	2012-07	48.00	190
中国初等数学研究　2014 卷(第 5 辑)	2014-02	48.00	288
中国初等数学研究　2015 卷(第 6 辑)	2015-06	68.00	493
中国初等数学研究　2016 卷(第 7 辑)	2016-04	68.00	609
中国初等数学研究　2017 卷(第 8 辑)	2017-01	98.00	712
初等数学研究在中国. 第 1 辑	2019-03	158.00	1024
初等数学研究在中国. 第 2 辑	2019-10	158.00	1116
初等数学研究在中国. 第 3 辑	2021-05	158.00	1306
初等数学研究在中国. 第 4 辑	2022-06	158.00	1520
几何变换(Ⅰ)	2014-07	28.00	353
几何变换(Ⅱ)	2015-06	28.00	354
几何变换(Ⅲ)	2015-01	38.00	355
几何变换(Ⅳ)	2015-12	38.00	356
初等数论难题集(第一卷)	2009-05	68.00	44
初等数论难题集(第二卷)(上、下)	2011-02	128.00	82,83
数论概貌	2011-03	18.00	93
代数数论(第二版)	2013-08	58.00	94
代数多项式	2014-06	38.00	289
初等数论的知识与问题	2011-02	28.00	95
超越数论基础	2011-03	28.00	96
数论初等教程	2011-03	28.00	97
数论基础	2011-03	18.00	98
数论基础与维诺格拉多夫	2014-03	18.00	292
解析数论基础	2012-08	28.00	216
解析数论基础(第二版)	2014-01	48.00	287
解析数论问题集(第二版)(原版引进)	2014-05	88.00	343
解析数论问题集(第二版)(中译本)	2016-04	88.00	607
解析数论基础(潘承洞,潘承彪著)	2016-07	98.00	673
解析数论导引	2016-07	58.00	674
数论入门	2011-03	38.00	99
代数数论入门	2015-03	38.00	448
数论开篇	2012-07	28.00	194
解析数论引论	2011-03	48.00	100
Barban Davenport Halberstam 均值和	2009-01	40.00	33
基础数论	2011-03	28.00	101
初等数论 100 例	2011-05	18.00	122
初等数论经典例题	2012-07	18.00	204
最新世界各国数学奥林匹克中的初等数论试题(上、下)	2012-01	138.00	144,145
初等数论(Ⅰ)	2012-01	18.00	156
初等数论(Ⅱ)	2012-01	18.00	157
初等数论(Ⅲ)	2012-01	28.00	158

刘培杰数学工作室
已出版(即将出版)图书目录——初等数学

书　　名	出版时间	定　价	编号
平面几何与数论中未解决的新老问题	2013-01	68.00	229
代数数论简史	2014-11	28.00	408
代数数论	2015-09	88.00	532
代数、数论及分析习题集	2016-11	98.00	695
数论导引提要及习题解答	2016-01	48.00	559
素数定理的初等证明. 第2版	2016-09	48.00	686
数论中的模函数与狄利克雷级数(第二版)	2017-11	78.00	837
数论:数学导引	2018-01	68.00	849
范氏大代数	2019-02	98.00	1016
解析数学讲义. 第一卷,导来式及微分、积分、级数	2019-04	88.00	1021
解析数学讲义. 第二卷,关于几何的应用	2019-04	68.00	1022
解析数学讲义. 第三卷,解析函数论	2019-04	78.00	1023
分析・组合・数论纵横谈	2019-04	58.00	1039
Hall 代数:民国时期的中学数学课本:英文	2019-08	88.00	1106
基谢廖夫初等代数	2022-07	38.00	1531
数学精神巡礼	2019-01	58.00	731
数学眼光透视(第2版)	2017-06	78.00	732
数学思想领悟(第2版)	2018-01	68.00	733
数学方法溯源(第2版)	2018-08	68.00	734
数学解题引论	2017-05	58.00	735
数学史话览胜(第2版)	2017-01	48.00	736
数学应用展观(第2版)	2017-08	68.00	737
数学建模尝试	2018-04	48.00	738
数学竞赛采风	2018-01	68.00	739
数学测评探营	2019-05	58.00	740
数学技能操握	2018-03	48.00	741
数学欣赏拾趣	2018-02	48.00	742
从毕达哥拉斯到怀尔斯	2007-10	48.00	9
从迪利克雷到维斯卡尔迪	2008-01	48.00	21
从哥德巴赫到陈景润	2008-05	98.00	35
从庞加莱到佩雷尔曼	2011-08	138.00	136
博弈论精粹	2008-03	58.00	30
博弈论精粹. 第二版(精装)	2015-01	88.00	461
数学 我爱你	2008-01	28.00	20
精神的圣徒　别样的人生——60位中国数学家成长的历程	2008-09	48.00	39
数学史概论	2009-06	78.00	50
数学史概论(精装)	2013-03	158.00	272
数学史选讲	2016-01	48.00	544
斐波那契数列	2010-02	28.00	65
数学拼盘和斐波那契魔方	2010-07	38.00	72
斐波那契数列欣赏(第2版)	2018-08	58.00	948
Fibonacci 数列中的明珠	2018-06	58.00	928
数学的创造	2011-02	48.00	85
数学美与创造力	2016-01	48.00	595
数海拾贝	2016-01	48.00	590
数学中的美(第2版)	2019-04	68.00	1057
数论中的美学	2014-12	38.00	351

刘培杰数学工作室

已出版(即将出版)图书目录——初等数学

书　　名	出版时间	定　价	编号
数学王者　科学巨人——高斯	2015-01	28.00	428
振兴祖国数学的圆梦之旅:中国初等数学研究史话	2015-06	98.00	490
二十世纪中国数学史料研究	2015-10	48.00	536
数字谜、数阵图与棋盘覆盖	2016-01	58.00	298
时间的形状	2016-01	38.00	556
数学发现的艺术:数学探索中的合情推理	2016-07	58.00	671
活跃在数学中的参数	2016-07	48.00	675
数海趣史	2021-05	98.00	1314
数学解题——靠数学思想给力(上)	2011-07	38.00	131
数学解题——靠数学思想给力(中)	2011-07	48.00	132
数学解题——靠数学思想给力(下)	2011-07	38.00	133
我怎样解题	2013-01	48.00	227
数学解题中的物理方法	2011-06	28.00	114
数学解题的特殊方法	2011-06	48.00	115
中学数学计算技巧(第2版)	2020-10	48.00	1220
中学数学证明方法	2012-01	58.00	117
数学趣题巧解	2012-03	28.00	128
高中数学教学通鉴	2015-05	58.00	479
和高中生漫谈:数学与哲学的故事	2014-08	28.00	369
算术问题集	2017-03	38.00	789
张教授讲数学	2018-07	38.00	933
陈永明实话实说数学教学	2020-04	68.00	1132
中学数学学科知识与教学能力	2020-06	58.00	1155
怎样把课讲好:大罕数学教学随笔	2022-03	58.00	1484
中国高考评价体系下高考数学探秘	2022-03	48.00	1487
自主招生考试中的参数方程问题	2015-01	28.00	435
自主招生考试中的极坐标问题	2015-04	28.00	463
近年全国重点大学自主招生数学试题全解及研究. 华约卷	2015-02	38.00	441
近年全国重点大学自主招生数学试题全解及研究. 北约卷	2016-05	38.00	619
自主招生数学解证宝典	2015-09	48.00	535
中国科学技术大学创新班数学真题解析	2022-03	48.00	1488
中国科学技术大学创新班物理真题解析	2022-03	58.00	1489
格点和面积	2012-07	18.00	191
射影几何趣谈	2012-04	28.00	175
斯潘纳尔引理——从一道加拿大数学奥林匹克试题谈起	2014-01	28.00	228
李普希兹条件——从几道近年高考数学试题谈起	2012-10	18.00	221
拉格朗日中值定理——从一道北京高考试题的解法谈起	2015-10	18.00	197
闵科夫斯基定理——从一道清华大学自主招生试题谈起	2014-01	28.00	198
哈尔测度——从一道冬令营试题的背景谈起	2012-08	28.00	202
切比雪夫逼近问题——从一道中国台北数学奥林匹克试题谈起	2013-04	38.00	238
伯恩斯坦多项式与贝齐尔曲面——从一道全国高中数学联赛试题谈起	2013-03	38.00	236
卡塔兰猜想——从一道普特南竞赛试题谈起	2013-06	18.00	256
麦卡锡函数和阿克曼函数——从一道前南斯拉夫数学奥林匹克试题谈起	2012-08	18.00	201
贝蒂定理与拉姆贝克莫斯尔定理——从一个拣石子游戏谈起	2012-08	18.00	217
皮亚诺曲线和豪斯道夫分球定理——从无限集谈起	2012-08	18.00	211
平面凸图形与凸多面体	2012-10	28.00	218
斯坦因豪斯问题——从一道二十五省市自治区中学数学竞赛试题谈起	2012-07	18.00	196

刘培杰数学工作室

已出版(即将出版)图书目录——初等数学

书　名	出版时间	定　价	编号
纽结理论中的亚历山大多项式与琼斯多项式——从一道北京市高一数学竞赛试题谈起	2012-07	28.00	195
原则与策略——从波利亚"解题表"谈起	2013-04	38.00	244
转化与化归——从三大尺规作图不能问题谈起	2012-08	28.00	214
代数几何中的贝祖定理(第一版)——从一道 IMO 试题的解法谈起	2013-08	18.00	193
成功连贯理论与约当块理论——从一道比利时数学竞赛试题谈起	2012-04	18.00	180
素数判定与大数分解	2014-08	18.00	199
置换多项式及其应用	2012-10	18.00	220
椭圆函数与模函数——从一道美国加州大学洛杉矶分校(UCLA)博士资格考题谈起	2012-10	28.00	219
差分方程的拉格朗日方法——从一道 2011 年全国高考理科试题的解法谈起	2012-08	28.00	200
力学在几何中的一些应用	2013-01	38.00	240
从根式解到伽罗华理论	2020-01	48.00	1121
康托洛维奇不等式——从一道全国高中联赛试题谈起	2013-03	28.00	337
西格尔引理——从一道第 18 届 IMO 试题的解法谈起	即将出版		
罗斯定理——从一道前苏联数学竞赛试题谈起	即将出版		
拉克斯定理和阿廷定理——从一道 IMO 试题的解法谈起	2014-01	58.00	246
毕卡大定理——从一道美国大学数学竞赛试题谈起	2014-07	18.00	350
贝齐尔曲线——从一道全国高中联赛试题谈起	即将出版		
拉格朗日乘子定理——从一道 2005 年全国高中联赛试题的高等数学解法谈起	2015-05	28.00	480
雅可比定理——从一道日本数学奥林匹克试题谈起	2013-04	48.00	249
李天岩-约克定理——从一道波兰数学竞赛试题谈起	2014-06	28.00	349
受控理论与初等不等式:从一道 IMO 试题的解法谈起	2023-03	48.00	1601
布劳维不动点定理——从一道前苏联数学奥林匹克试题谈起	2014-01	38.00	273
伯恩赛德定理——从一道英国数学奥林匹克试题谈起	即将出版		
布查特-莫斯特定理——从一道上海市初中竞赛试题谈起	即将出版		
数论中的同余数问题——从一道普特南竞赛试题谈起	即将出版		
范·德蒙行列式——从一道美国数学奥林匹克试题谈起	即将出版		
中国剩余定理:总数法构建中国历史年表	2015-01	28.00	430
牛顿程序与方程求根——从一道全国高考试题解法谈起	即将出版		
库默尔定理——从一道 IMO 预选试题谈起	即将出版		
卢丁定理——从一道冬令营试题的解法谈起	即将出版		
沃斯滕霍姆定理——从一道 IMO 预选试题谈起	即将出版		
卡尔松不等式——从一道莫斯科数学奥林匹克试题谈起	即将出版		
信息论中的香农熵——从一道近年高考压轴题谈起	即将出版		
约当不等式——从一道希望杯竞赛试题谈起	即将出版		
拉比诺维奇定理	即将出版		
刘维尔定理——从一道《美国数学月刊》征解问题的解法谈起	即将出版		
卡塔兰恒等式与级数求和——从一道 IMO 试题的解法谈起	即将出版		
勒让德猜想与素数分布——从一道爱尔兰竞赛试题谈起	即将出版		
天平称重与信息论——从一道基辅市数学奥林匹克试题谈起	即将出版		
哈密尔顿-凯莱定理:从一道高中数学联赛试题的解法谈起	2014-09	18.00	376
艾思特曼定理——从一道 CMO 试题的解法谈起	即将出版		

刘培杰数学工作室
已出版(即将出版)图书目录——初等数学

书　　名	出版时间	定　价	编号
阿贝尔恒等式与经典不等式及应用	2018-06	98.00	923
迪利克雷除数问题	2018-07	48.00	930
幻方、幻立方与拉丁方	2019-08	48.00	1092
帕斯卡三角形	2014-03	18.00	294
蒲丰投针问题——从2009年清华大学的一道自主招生试题谈起	2014-01	38.00	295
斯图姆定理——从一道“华约”自主招生试题的解法谈起	2014-01	18.00	296
许瓦兹引理——从一道加利福尼亚大学伯克利分校数学系博士生试题谈起	2014-08	18.00	297
拉姆塞定理——从王诗宬院士的一个问题谈起	2016-04	48.00	299
坐标法	2013-12	28.00	332
数论三角形	2014-04	38.00	341
毕克定理	2014-07	18.00	352
数林掠影	2014-09	48.00	389
我们周围的概率	2014-10	38.00	390
凸函数最值定理:从一道华约自主招生题的解法谈起	2014-10	28.00	391
易学与数学奥林匹克	2014-10	38.00	392
生物数学趣谈	2015-01	18.00	409
反演	2015-01	28.00	420
因式分解与圆锥曲线	2015-01	18.00	426
轨迹	2015-01	28.00	427
面积原理:从常庚哲命的一道CMO试题的积分解法谈起	2015-01	48.00	431
形形色色的不动点定理:从一道28届IMO试题谈起	2015-01	38.00	439
柯西函数方程:从一道上海交大自主招生的试题谈起	2015-02	28.00	440
三角恒等式	2015-02	28.00	442
无理性判定:从一道2014年“北约”自主招生试题谈起	2015-01	38.00	443
数学归纳法	2015-03	18.00	451
极端原理与解题	2015-04	28.00	464
法雷级数	2014-08	18.00	367
摆线族	2015-01	38.00	438
函数方程及其解法	2015-05	38.00	470
含参数的方程和不等式	2012-09	28.00	213
希尔伯特第十问题	2016-01	38.00	543
无穷小量的求和	2016-01	28.00	545
切比雪夫多项式:从一道清华大学金秋营试题谈起	2016-01	38.00	583
泽肯多夫定理	2016-03	38.00	599
代数等式证题法	2016-01	28.00	600
三角等式证题法	2016-01	28.00	601
吴大任教授藏书中的一个因式分解公式:从一道美国数学邀请赛试题的解法谈起	2016-06	28.00	656
易卦——类万物的数学模型	2017-08	68.00	838
“不可思议”的数与数系可持续发展	2018-01	38.00	878
最短线	2018-01	38.00	879
数学在天文、地理、光学、机械力学中的一些应用	2023-03	88.00	1576
从阿基米德三角形谈起	2023-01	28.00	1578
幻方和魔方(第一卷)	2012-05	68.00	173
尘封的经典——初等数学经典文献选读(第一卷)	2012-07	48.00	205
尘封的经典——初等数学经典文献选读(第二卷)	2012-07	38.00	206
初级方程式论	2011-03	28.00	106
初等数学研究(Ⅰ)	2008-09	68.00	37
初等数学研究(Ⅱ)(上、下)	2009-05	118.00	46,47
初等数学专题研究	2022-10	68.00	1568

刘培杰数学工作室

已出版(即将出版)图书目录——初等数学

书　　名	出版时间	定　价	编号
趣味初等方程妙题集锦	2014-09	48.00	388
趣味初等数论选美与欣赏	2015-02	48.00	445
耕读笔记(上卷):一位农民数学爱好者的初数探索	2015-04	28.00	459
耕读笔记(中卷):一位农民数学爱好者的初数探索	2015-05	28.00	483
耕读笔记(下卷):一位农民数学爱好者的初数探索	2015-05	28.00	484
几何不等式研究与欣赏.上卷	2016-01	88.00	547
几何不等式研究与欣赏.下卷	2016-01	48.00	552
初等数列研究与欣赏·上	2016-01	48.00	570
初等数列研究与欣赏·下	2016-01	48.00	571
趣味初等函数研究与欣赏.上	2016-09	48.00	684
趣味初等函数研究与欣赏.下	2018-09	48.00	685
三角不等式研究与欣赏	2020-10	68.00	1197
新编平面解析几何解题方法研究与欣赏	2021-10	78.00	1426
火柴游戏(第2版)	2022-05	38.00	1493
智力解谜.第1卷	2017-07	38.00	613
智力解谜.第2卷	2017-07	38.00	614
故事智力	2016-07	48.00	615
名人们喜欢的智力问题	2020-01	48.00	616
数学大师的发现、创造与失误	2018-01	48.00	617
异曲同工	2018-09	48.00	618
数学的味道	2018-01	58.00	798
数学千字文	2018-10	68.00	977
数贝偶拾——高考数学题研究	2014-04	28.00	274
数贝偶拾——初等数学研究	2014-04	38.00	275
数贝偶拾——奥数题研究	2014-04	48.00	276
钱昌本教你快乐学数学(上)	2011-12	48.00	155
钱昌本教你快乐学数学(下)	2012-03	58.00	171
集合、函数与方程	2014-01	28.00	300
数列与不等式	2014-01	38.00	301
三角与平面向量	2014-01	28.00	302
平面解析几何	2014-01	38.00	303
立体几何与组合	2014-01	28.00	304
极限与导数、数学归纳法	2014-01	38.00	305
趣味数学	2014-03	28.00	306
教材教法	2014-04	68.00	307
自主招生	2014-05	58.00	308
高考压轴题(上)	2015-01	48.00	309
高考压轴题(下)	2014-10	68.00	310
从费马到怀尔斯——费马大定理的历史	2013-10	198.00	Ⅰ
从庞加莱到佩雷尔曼——庞加莱猜想的历史	2013-10	298.00	Ⅱ
从切比雪夫到爱尔特希(上)——素数定理的初等证明	2013-07	48.00	Ⅲ
从切比雪夫到爱尔特希(下)——素数定理100年	2012-12	98.00	Ⅲ
从高斯到盖尔方特——二次域的高斯猜想	2013-10	198.00	Ⅳ
从库默尔到朗兰兹——朗兰兹猜想的历史	2014-01	98.00	Ⅴ
从比勃巴赫到德布朗斯——比勃巴赫猜想的历史	2014-02	298.00	Ⅵ
从麦比乌斯到陈省身——麦比乌斯变换与麦比乌斯带	2014-02	298.00	Ⅶ
从布尔到豪斯道夫——布尔方程与格论漫谈	2013-10	198.00	Ⅷ
从开普勒到阿诺德——三体问题的历史	2014-05	298.00	Ⅸ
从华林到华罗庚——华林问题的历史	2013-10	298.00	Ⅹ

刘培杰数学工作室
已出版(即将出版)图书目录——初等数学

书　　名	出版时间	定　价	编号
美国高中数学竞赛五十讲. 第 1 卷(英文)	2014-08	28.00	357
美国高中数学竞赛五十讲. 第 2 卷(英文)	2014-08	28.00	358
美国高中数学竞赛五十讲. 第 3 卷(英文)	2014-09	28.00	359
美国高中数学竞赛五十讲. 第 4 卷(英文)	2014-09	28.00	360
美国高中数学竞赛五十讲. 第 5 卷(英文)	2014-10	28.00	361
美国高中数学竞赛五十讲. 第 6 卷(英文)	2014-11	28.00	362
美国高中数学竞赛五十讲. 第 7 卷(英文)	2014-12	28.00	363
美国高中数学竞赛五十讲. 第 8 卷(英文)	2015-01	28.00	364
美国高中数学竞赛五十讲. 第 9 卷(英文)	2015-01	28.00	365
美国高中数学竞赛五十讲. 第 10 卷(英文)	2015-02	38.00	366
三角函数(第 2 版)	2017-04	38.00	626
不等式	2014-01	38.00	312
数列	2014-01	38.00	313
方程(第 2 版)	2017-04	38.00	624
排列和组合	2014-01	28.00	315
极限与导数(第 2 版)	2016-04	38.00	635
向量(第 2 版)	2018-08	58.00	627
复数及其应用	2014-08	28.00	318
函数	2014-01	38.00	319
集合	2020-01	48.00	320
直线与平面	2014-01	28.00	321
立体几何(第 2 版)	2016-04	38.00	629
解三角形	即将出版		323
直线与圆(第 2 版)	2016-11	38.00	631
圆锥曲线(第 2 版)	2016-09	48.00	632
解题通法(一)	2014-07	38.00	326
解题通法(二)	2014-07	38.00	327
解题通法(三)	2014-05	38.00	328
概率与统计	2014-01	28.00	329
信息迁移与算法	即将出版		330
IMO 50 年. 第 1 卷(1959-1963)	2014-11	28.00	377
IMO 50 年. 第 2 卷(1964-1968)	2014-11	28.00	378
IMO 50 年. 第 3 卷(1969-1973)	2014-09	28.00	379
IMO 50 年. 第 4 卷(1974-1978)	2016-04	38.00	380
IMO 50 年. 第 5 卷(1979-1984)	2015-04	38.00	381
IMO 50 年. 第 6 卷(1985-1989)	2015-04	58.00	382
IMO 50 年. 第 7 卷(1990-1994)	2016-01	48.00	383
IMO 50 年. 第 8 卷(1995-1999)	2016-06	38.00	384
IMO 50 年. 第 9 卷(2000-2004)	2015-04	58.00	385
IMO 50 年. 第 10 卷(2005-2009)	2016-01	48.00	386
IMO 50 年. 第 11 卷(2010-2015)	2017-03	48.00	646

刘培杰数学工作室
已出版(即将出版)图书目录——初等数学

书　　名	出版时间	定　价	编号
数学反思(2006—2007)	2020-09	88.00	915
数学反思(2008—2009)	2019-01	68.00	917
数学反思(2010—2011)	2018-05	58.00	916
数学反思(2012—2013)	2019-01	58.00	918
数学反思(2014—2015)	2019-03	78.00	919
数学反思(2016—2017)	2021-03	58.00	1286
数学反思(2018—2019)	2023-01	88.00	1593
历届美国大学生数学竞赛试题集. 第一卷(1938—1949)	2015-01	28.00	397
历届美国大学生数学竞赛试题集. 第二卷(1950—1959)	2015-01	28.00	398
历届美国大学生数学竞赛试题集. 第三卷(1960—1969)	2015-01	28.00	399
历届美国大学生数学竞赛试题集. 第四卷(1970—1979)	2015-01	18.00	400
历届美国大学生数学竞赛试题集. 第五卷(1980—1989)	2015-01	28.00	401
历届美国大学生数学竞赛试题集. 第六卷(1990—1999)	2015-01	28.00	402
历届美国大学生数学竞赛试题集. 第七卷(2000—2009)	2015-08	18.00	403
历届美国大学生数学竞赛试题集. 第八卷(2010—2012)	2015-01	18.00	404
新课标高考数学创新题解题诀窍:总论	2014-09	28.00	372
新课标高考数学创新题解题诀窍:必修1~5分册	2014-08	38.00	373
新课标高考数学创新题解题诀窍:选修2-1,2-2,1-1,1-2分册	2014-09	38.00	374
新课标高考数学创新题解题诀窍:选修2-3,4-4,4-5分册	2014-09	18.00	375
全国重点大学自主招生英文数学试题全攻略:词汇卷	2015-07	48.00	410
全国重点大学自主招生英文数学试题全攻略:概念卷	2015-01	28.00	411
全国重点大学自主招生英文数学试题全攻略:文章选读卷(上)	2016-09	38.00	412
全国重点大学自主招生英文数学试题全攻略:文章选读卷(下)	2017-01	58.00	413
全国重点大学自主招生英文数学试题全攻略:试题卷	2015-07	38.00	414
全国重点大学自主招生英文数学试题全攻略:名著欣赏卷	2017-03	48.00	415
劳埃德数学趣题大全. 题目卷. 1:英文	2016-01	18.00	516
劳埃德数学趣题大全. 题目卷. 2:英文	2016-01	18.00	517
劳埃德数学趣题大全. 题目卷. 3:英文	2016-01	18.00	518
劳埃德数学趣题大全. 题目卷. 4:英文	2016-01	18.00	519
劳埃德数学趣题大全. 题目卷. 5:英文	2016-01	18.00	520
劳埃德数学趣题大全. 答案卷:英文	2016-01	18.00	521
李成章教练奥数笔记. 第1卷	2016-01	48.00	522
李成章教练奥数笔记. 第2卷	2016-01	48.00	523
李成章教练奥数笔记. 第3卷	2016-01	38.00	524
李成章教练奥数笔记. 第4卷	2016-01	38.00	525
李成章教练奥数笔记. 第5卷	2016-01	38.00	526
李成章教练奥数笔记. 第6卷	2016-01	38.00	527
李成章教练奥数笔记. 第7卷	2016-01	38.00	528
李成章教练奥数笔记. 第8卷	2016-01	48.00	529
李成章教练奥数笔记. 第9卷	2016-01	28.00	530

刘培杰数学工作室
已出版(即将出版)图书目录——初等数学

书　　名	出版时间	定　价	编号
第19~23届"希望杯"全国数学邀请赛试题审题要津详细评注(初一版)	2014-03	28.00	333
第19~23届"希望杯"全国数学邀请赛试题审题要津详细评注(初二、初三版)	2014-03	38.00	334
第19~23届"希望杯"全国数学邀请赛试题审题要津详细评注(高一版)	2014-03	28.00	335
第19~23届"希望杯"全国数学邀请赛试题审题要津详细评注(高二版)	2014-03	38.00	336
第19~25届"希望杯"全国数学邀请赛试题审题要津详细评注(初一版)	2015-01	38.00	416
第19~25届"希望杯"全国数学邀请赛试题审题要津详细评注(初二、初三版)	2015-01	58.00	417
第19~25届"希望杯"全国数学邀请赛试题审题要津详细评注(高一版)	2015-01	48.00	418
第19~25届"希望杯"全国数学邀请赛试题审题要津详细评注(高二版)	2015-01	48.00	419
物理奥林匹克竞赛大题典——力学卷	2014-11	48.00	405
物理奥林匹克竞赛大题典——热学卷	2014-04	28.00	339
物理奥林匹克竞赛大题典——电磁学卷	2015-07	48.00	406
物理奥林匹克竞赛大题典——光学与近代物理卷	2014-06	28.00	345
历届中国东南地区数学奥林匹克试题集(2004~2012)	2014-06	18.00	346
历届中国西部地区数学奥林匹克试题集(2001~2012)	2014-07	18.00	347
历届中国女子数学奥林匹克试题集(2002~2012)	2014-08	18.00	348
数学奥林匹克在中国	2014-06	98.00	344
数学奥林匹克问题集	2014-01	38.00	267
数学奥林匹克不等式散论	2010-06	38.00	124
数学奥林匹克不等式欣赏	2011-09	38.00	138
数学奥林匹克超级题库(初中卷上)	2010-01	58.00	66
数学奥林匹克不等式证明方法和技巧(上、下)	2011-08	158.00	134,135
他们学什么:原民主德国中学数学课本	2016-09	38.00	658
他们学什么:英国中学数学课本	2016-09	38.00	659
他们学什么:法国中学数学课本.1	2016-09	38.00	660
他们学什么:法国中学数学课本.2	2016-09	28.00	661
他们学什么:法国中学数学课本.3	2016-09	38.00	662
他们学什么:苏联中学数学课本	2016-09	28.00	679
高中数学题典——集合与简易逻辑·函数	2016-07	48.00	647
高中数学题典——导数	2016-07	48.00	648
高中数学题典——三角函数·平面向量	2016-07	48.00	649
高中数学题典——数列	2016-07	58.00	650
高中数学题典——不等式·推理与证明	2016-07	38.00	651
高中数学题典——立体几何	2016-07	48.00	652
高中数学题典——平面解析几何	2016-07	78.00	653
高中数学题典——计数原理·统计·概率·复数	2016-07	48.00	654
高中数学题典——算法·平面几何·初等数论·组合数学·其他	2016-07	68.00	655

刘培杰数学工作室
已出版(即将出版)图书目录——初等数学

书　　名	出版时间	定　价	编号
台湾地区奥林匹克数学竞赛试题.小学一年级	2017-03	38.00	722
台湾地区奥林匹克数学竞赛试题.小学二年级	2017-03	38.00	723
台湾地区奥林匹克数学竞赛试题.小学三年级	2017-03	38.00	724
台湾地区奥林匹克数学竞赛试题.小学四年级	2017-03	38.00	725
台湾地区奥林匹克数学竞赛试题.小学五年级	2017-03	38.00	726
台湾地区奥林匹克数学竞赛试题.小学六年级	2017-03	38.00	727
台湾地区奥林匹克数学竞赛试题.初中一年级	2017-03	38.00	728
台湾地区奥林匹克数学竞赛试题.初中二年级	2017-03	38.00	729
台湾地区奥林匹克数学竞赛试题.初中三年级	2017-03	28.00	730
不等式证题法	2017-04	28.00	747
平面几何培优教程	2019-08	88.00	748
奥数鼎级培优教程.高一分册	2018-09	88.00	749
奥数鼎级培优教程.高二分册.上	2018-04	68.00	750
奥数鼎级培优教程.高二分册.下	2018-04	68.00	751
高中数学竞赛冲刺宝典	2019-04	68.00	883
初中尖子生数学超级题典.实数	2017-07	58.00	792
初中尖子生数学超级题典.式、方程与不等式	2017-08	58.00	793
初中尖子生数学超级题典.圆、面积	2017-08	38.00	794
初中尖子生数学超级题典.函数、逻辑推理	2017-08	48.00	795
初中尖子生数学超级题典.角、线段、三角形与多边形	2017-07	58.00	796
数学王子——高斯	2018-01	48.00	858
坎坷奇星——阿贝尔	2018-01	48.00	859
闪烁奇星——伽罗瓦	2018-01	58.00	860
无穷统帅——康托尔	2018-01	48.00	861
科学公主——柯瓦列夫斯卡娅	2018-01	48.00	862
抽象代数之母——埃米·诺特	2018-01	48.00	863
电脑先驱——图灵	2018-01	58.00	864
昔日神童——维纳	2018-01	48.00	865
数坛怪侠——爱尔特希	2018-01	68.00	866
传奇数学家徐利治	2019-09	88.00	1110
当代世界中的数学.数学思想与数学基础	2019-01	38.00	892
当代世界中的数学.数学问题	2019-01	38.00	893
当代世界中的数学.应用数学与数学应用	2019-01	38.00	894
当代世界中的数学.数学王国的新疆域(一)	2019-01	38.00	895
当代世界中的数学.数学王国的新疆域(二)	2019-01	38.00	896
当代世界中的数学.数林撷英(一)	2019-01	38.00	897
当代世界中的数学.数林撷英(二)	2019-01	48.00	898
当代世界中的数学.数学之路	2019-01	38.00	899

刘培杰数学工作室
已出版(即将出版)图书目录——初等数学

书　　名	出版时间	定　价	编号
105 个代数问题:来自 AwesomeMath 夏季课程	2019-02	58.00	956
106 个几何问题:来自 AwesomeMath 夏季课程	2020-07	58.00	957
107 个几何问题:来自 AwesomeMath 全年课程	2020-07	58.00	958
108 个代数问题:来自 AwesomeMath 全年课程	2019-01	68.00	959
109 个不等式:来自 AwesomeMath 夏季课程	2019-04	58.00	960
国际数学奥林匹克中的 110 个几何问题	即将出版		961
111 个代数和数论问题	2019-05	58.00	962
112 个组合问题:来自 AwesomeMath 夏季课程	2019-05	58.00	963
113 个几何不等式:来自 AwesomeMath 夏季课程	2020-08	58.00	964
114 个指数和对数问题:来自 AwesomeMath 夏季课程	2019-09	48.00	965
115 个三角问题:来自 AwesomeMath 夏季课程	2019-09	58.00	966
116 个代数不等式:来自 AwesomeMath 全年课程	2019-04	58.00	967
117 个多项式问题:来自 AwesomeMath 夏季课程	2021-09	58.00	1409
118 个数学竞赛不等式	2022-08	78.00	1526
紫色彗星国际数学竞赛试题	2019-02	58.00	999
数学竞赛中的数学:为数学爱好者、父母、教师和教练准备的丰富资源. 第一部	2020-04	58.00	1141
数学竞赛中的数学:为数学爱好者、父母、教师和教练准备的丰富资源. 第二部	2020-07	48.00	1142
和与积	2020-10	38.00	1219
数论:概念和问题	2020-12	68.00	1257
初等数学问题研究	2021-03	48.00	1270
数学奥林匹克中的欧几里得几何	2021-10	68.00	1413
数学奥林匹克题解新编	2022-01	58.00	1430
图论入门	2022-09	58.00	1554
澳大利亚中学数学竞赛试题及解答(初级卷)1978~1984	2019-02	28.00	1002
澳大利亚中学数学竞赛试题及解答(初级卷)1985~1991	2019-02	28.00	1003
澳大利亚中学数学竞赛试题及解答(初级卷)1992~1998	2019-02	28.00	1004
澳大利亚中学数学竞赛试题及解答(初级卷)1999~2005	2019-02	28.00	1005
澳大利亚中学数学竞赛试题及解答(中级卷)1978~1984	2019-03	28.00	1006
澳大利亚中学数学竞赛试题及解答(中级卷)1985~1991	2019-03	28.00	1007
澳大利亚中学数学竞赛试题及解答(中级卷)1992~1998	2019-03	28.00	1008
澳大利亚中学数学竞赛试题及解答(中级卷)1999~2005	2019-03	28.00	1009
澳大利亚中学数学竞赛试题及解答(高级卷)1978~1984	2019-05	28.00	1010
澳大利亚中学数学竞赛试题及解答(高级卷)1985~1991	2019-05	28.00	1011
澳大利亚中学数学竞赛试题及解答(高级卷)1992~1998	2019-05	28.00	1012
澳大利亚中学数学竞赛试题及解答(高级卷)1999~2005	2019-05	28.00	1013
天才中小学生智力测验题. 第一卷	2019-03	38.00	1026
天才中小学生智力测验题. 第二卷	2019-03	38.00	1027
天才中小学生智力测验题. 第三卷	2019-03	38.00	1028
天才中小学生智力测验题. 第四卷	2019-03	38.00	1029
天才中小学生智力测验题. 第五卷	2019-03	38.00	1030
天才中小学生智力测验题. 第六卷	2019-03	38.00	1031
天才中小学生智力测验题. 第七卷	2019-03	38.00	1032
天才中小学生智力测验题. 第八卷	2019-03	38.00	1033
天才中小学生智力测验题. 第九卷	2019-03	38.00	1034
天才中小学生智力测验题. 第十卷	2019-03	38.00	1035
天才中小学生智力测验题. 第十一卷	2019-03	38.00	1036
天才中小学生智力测验题. 第十二卷	2019-03	38.00	1037
天才中小学生智力测验题. 第十三卷	2019-03	38.00	1038

刘培杰数学工作室

已出版(即将出版)图书目录——初等数学

书 名	出版时间	定 价	编号
重点大学自主招生数学备考全书:函数	2020-05	48.00	1047
重点大学自主招生数学备考全书:导数	2020-08	48.00	1048
重点大学自主招生数学备考全书:数列与不等式	2019-10	78.00	1049
重点大学自主招生数学备考全书:三角函数与平面向量	2020-08	68.00	1050
重点大学自主招生数学备考全书:平面解析几何	2020-07	58.00	1051
重点大学自主招生数学备考全书:立体几何与平面几何	2019-08	48.00	1052
重点大学自主招生数学备考全书:排列组合·概率统计·复数	2019-09	48.00	1053
重点大学自主招生数学备考全书:初等数论与组合数学	2019-08	48.00	1054
重点大学自主招生数学备考全书:重点大学自主招生真题.上	2019-04	68.00	1055
重点大学自主招生数学备考全书:重点大学自主招生真题.下	2019-04	58.00	1056
高中数学竞赛培训教程:平面几何问题的求解方法与策略.上	2018-05	68.00	906
高中数学竞赛培训教程:平面几何问题的求解方法与策略.下	2018-06	78.00	907
高中数学竞赛培训教程:整除与同余以及不定方程	2018-01	88.00	908
高中数学竞赛培训教程:组合计数与组合极值	2018-04	48.00	909
高中数学竞赛培训教程:初等代数	2019-04	78.00	1042
高中数学讲座:数学竞赛基础教程(第一册)	2019-06	48.00	1094
高中数学讲座:数学竞赛基础教程(第二册)	即将出版		1095
高中数学讲座:数学竞赛基础教程(第三册)	即将出版		1096
高中数学讲座:数学竞赛基础教程(第四册)	即将出版		1097
新编中学数学解题方法 1000 招丛书.实数(初中版)	2022-05	58.00	1291
新编中学数学解题方法 1000 招丛书.式(初中版)	2022-05	48.00	1292
新编中学数学解题方法 1000 招丛书.方程与不等式(初中版)	2021-04	58.00	1293
新编中学数学解题方法 1000 招丛书.函数(初中版)	2022-05	38.00	1294
新编中学数学解题方法 1000 招丛书.角(初中版)	2022-05	48.00	1295
新编中学数学解题方法 1000 招丛书.线段(初中版)	2022-05	48.00	1296
新编中学数学解题方法 1000 招丛书.三角形与多边形(初中版)	2021-04	48.00	1297
新编中学数学解题方法 1000 招丛书.圆(初中版)	2022-05	48.00	1298
新编中学数学解题方法 1000 招丛书.面积(初中版)	2021-07	28.00	1299
新编中学数学解题方法 1000 招丛书.逻辑推理(初中版)	2022-06	48.00	1300
高中数学题典精编.第一辑.函数	2022-01	58.00	1444
高中数学题典精编.第一辑.导数	2022-01	68.00	1445
高中数学题典精编.第一辑.三角函数·平面向量	2022-01	68.00	1446
高中数学题典精编.第一辑.数列	2022-01	58.00	1447
高中数学题典精编.第一辑.不等式·推理与证明	2022-01	58.00	1448
高中数学题典精编.第一辑.立体几何	2022-01	58.00	1449
高中数学题典精编.第一辑.平面解析几何	2022-01	68.00	1450
高中数学题典精编.第一辑.统计·概率·平面几何	2022-01	58.00	1451
高中数学题典精编.第一辑.初等数论·组合数学·数学文化·解题方法	2022-01	58.00	1452
历届全国初中数学竞赛试题分类解析.初等代数	2022-09	98.00	1555
历届全国初中数学竞赛试题分类解析.初等数论	2022-09	48.00	1556
历届全国初中数学竞赛试题分类解析.平面几何	2022-09	38.00	1557
历届全国初中数学竞赛试题分类解析.组合	2022-09	38.00	1558

联系地址:哈尔滨市南岗区复华四道街 10 号 哈尔滨工业大学出版社刘培杰数学工作室

网 址:http://lpj.hit.edu.cn/

邮 编:150006

联系电话:0451-86281378 13904613167

E-mail:lpj1378@163.com